Donne fra le stelle

Patrizia Caraveo • Annamaria Nassisi
Curatrici

Donne fra le stelle

Il ruolo della donna nella ricerca scientifica aerospaziale, Abano Terme 22–24 marzo 2024

Curatrici
Patrizia Caraveo
Institute of Space Astrophysics and Cosmic Physics
National Institute of Astrophysics (INAF)
Milano, Italy

Annamaria Nassisi
BLOEN Domain Observation and Navigation
Italy
Thales Alenia Space Italia
Roma, Italy

ISBN 978-3-031-83822-4   ISBN 978-3-031-83823-1 (eBook)
https://doi.org/10.1007/978-3-031-83823-1

© The Editor(s) (if applicable) and The Author(s), under exclusive license to Springer Nature Switzerland AG 2025

This work is subject to copyright. All rights are solely and exclusively licensed by the Publisher, whether the whole or part of the material is concerned, specifically the rights of translation, reprinting, reuse of illustrations, recitation, broadcasting, reproduction on microfilms or in any other physical way, and transmission or information storage and retrieval, electronic adaptation, computer software, or by similar or dissimilar methodology now known or hereafter developed.
The use of general descriptive names, registered names, trademarks, service marks, etc. in this publication does not imply, even in the absence of a specific statement, that such names are exempt from the relevant protective laws and regulations and therefore free for general use.
The publisher, the authors and the editors are safe to assume that the advice and information in this book are believed to be true and accurate at the date of publication. Neither the publisher nor the authors or the editors give a warranty, expressed or implied, with respect to the material contained herein or for any errors or omissions that may have been made. The publisher remains neutral with regard to jurisdictional claims in published maps and institutional affiliations.

This Springer imprint is published by the registered company Springer Nature Switzerland AG
The registered company address is: Gewerbestrasse 11, 6330 Cham, Switzerland

If disposing of this product, please recycle the paper.

Prefazione

Origine dell'iniziativa e scopo del libro

Lo spazio, vuoi scientifico, vuoi tecnologico, è da sempre un mondo a forte maggioranza maschile. Le donne sono poche e spesso si sentono isolate e fuori posto.

È tempo di sfatare questo luogo comune; tutti, uomini e donne, possono dare il loro contributo al progresso della scienza e della tecnologia. Per costruire un mondo migliore c'è bisogno del talento di tutti, indipendentemente dal genere. Incrementare la presenza femminile nelle materie scientifiche (quelle che vanno sotto il nome di STEM per scienza, tecnologia, ingegneria e matematica) è una delle priorità dell'agenda 2030 delle Nazioni Unite.

Donne tra le stelle si vuole inserire tra le iniziative per promuovere una maggiore presenza femminile nel mondo delle scienze e delle tecnologie collegate allo spazio e lo vuole fare fornendo dei modelli di ruolo che possano essere di esempio e di ispirazione a chi sta cercando la propria strada in vista di una futura carriera.

Per fissare nel tempo e condividere con quante più persone possibile l'esperienza vissuta al centro congressi di Abano Terme nell'aprile 2024, ci è parso utile riunire i contributi delle nostre autrici che hanno condiviso le loro esperienze di scienziate, manager, imprenditrici e studentesse.

Speriamo che questi contributi siano di ispirazione, specialmente per il pubblico più giovane, e che spingano molti studenti e studentesse ad intraprendere studi nelle materie STEM.

La nostra storia

"Donne fra le Stelle" nasce nel 2020 dall'idea di un gruppo di amici desiderosi di conferire la cittadinanza onoraria alla Dr.ssa Carolyn Porco, scienziata e planetologa della NASA di fama internazionale, a capo del gruppo responsabile dell'analisi delle immagini della missione Cassini-Huygens su Saturno. Carolyn Porco, come me, è originaria di un piccolo borgo in Calabria nella provincia di Cosenza, precisamente Fiumefreddo Bruzio.

Sin da ragazzo, ero affascinato dalle spettacolari immagini che Carolyn ed il suo gruppo elaboravano a partire dai dati della sonda in orbita tra gli anelli di Saturno. Queste immagini non solo rappresentavano un trionfo scientifico, ma erano anche un simbolo di ispirazione per me: una donna aveva raggiunto i vertici dell'Agenzia Spaziale Americana nell'esplorazione spaziale, risvegliando in me il desiderio di conoscere l'ignoto.

L'evento organizzato a Fiumefreddo Bruzio non solo mirava a riconoscere il valore di una nostra illustre concittadina, nata negli Stati Uniti da genitori Fiumefreddesi, ma di sensibilizzare l'opinione pubblica sull'importante ruolo delle donne nella ricerca scientifica aerospaziale.

Abbiamo invitato scienziate e ricercatrici da tutto il mondo, coprendo tutti i settori della ricerca cosmica: astronaute, astrofisiche, ingegneri aerospaziali e astronome.

Queste donne straordinarie hanno condiviso le loro esperienze professionali e personali, raccontando come sono riuscite a emergere in un settore dove le figure femminili sono sempre state ai margini per ragioni culturali e sociali.

Durante quella prima edizione, abbiamo lanciato un messaggio che è diventato la nostra missione: incoraggiare le giovani ragazze a scegliere le materie STEM nei loro percorsi di studio.

L'evento ha avuto un enorme successo mediatico e ha suscitato grande interesse tra i giovani, che ci hanno spinto a continuare con il nostro progetto di divulgazione scientifica e sociale. In quella edizione ci fu inoltre una mostra ufficiale della NASA dedicata all'esplorazione spaziale dagli albori ai giorni d'oggi, che suscitò un enorme interesse soprattutto nei giovani, che erano il nostro principale obiettivo di divulgazione.

Nel 2022, abbiamo organizzato la seconda edizione, sempre in Calabria, precisamente ad Amantea, replicando il successo dell'anno precedente. Abbiamo stretto collaborazioni attive con i principali centri di ricerca nazionali e internazionali, tra cui l'Agenzia Spaziale Europea, l'Agenzia Spaziale Italiana, e l'Istituto Nazionale di Astrofisica.

Nel 2024, abbiamo deciso di organizzare il nostro simposio annuale nella cittadina termale di Abano Terme, in provincia di Padova. Anche in questa edizione, la partecipazione è stata oltre le aspettative, con 22 relatrici che si sono alternate nei tre giorni dell'evento.

Questo libro raccoglie le testimonianze delle scienziate e ricercatrici che hanno partecipato alla terza edizione e che hanno condiviso questo progetto con noi.

Le loro storie dimostrano che è possibile raggiungere traguardi che molti ritengono irraggiungibili. La tenacia, l'impegno, lo studio e una visione lungimirante porteranno l'umanità a fare quel salto evolutivo che ci condurrà a diventare una razza intergalattica.

Infine, una novità di questa terza edizione è l'assegnazione del "*Premio Nazionale Rossella Panarese per la divulgazione scientifica spaziale*", dedicato alla giornalista di Radio3 Scienza recentemente scomparsa, che si era resa disponibile per collaborare alla prima edizione di Donne fra le stelle. Da qui l'idea di indire un premio in suo nome dedicato a ricercatori, giornalisti, studiosi, autori, registi, blogger che con il loro impegno, e attraverso la loro arte di comunicatori, hanno contribuito a divulgare la scienza spaziale.

Senza il contributo fondamentale delle donne, questo traguardo sarà impossibile.

Dante Fortunato, Presidente onorario e fondatore di "Donne fra le Stelle"

Prima Edizione del Premio Rossella Panarese

Il premio è rivolto a tutte le persone che, operando nell'ambito della ricerca, del giornalismo, dei media, svolgono quotidianamente la divulgazione scientifica contribuendo a divulgare la scienza spaziale.

I vincitori della prima edizione del Premio Rossella Panarese sono Andrea Bettini e Edwige Pezzulli.

Andrea Bettini caposervizio presso la redazione Scienza di RaiNews24, dal 2018 cura e conduce "Futuro24", il programma settimanale dedicato a scienza e innovazione. Conduce anche il programma "Oggi è" su Rai Scuola. Per la Rai ha seguito i principali eventi scientifici degli ultimi anni in Italia e all'estero, dai lanci verso la Stazione Spaziale Internazionale di Luca Parmitano (Baikonur, luglio 2019), Samantha Cristoforetti (Cape Canaveral, aprile 2022) e Walter Villadei (Cape Canaveral, gennaio 2024) all'eruzione del vulcano Cumbre Vieja (La Palma, novembre 2021).

I suoi collegamenti in diretta e i suoi reportage sull'eclissi totale di Sole del 20 marzo 2015 dalla base artica "Dirigibile Italia" del CNR sulle isole Svalbard sono stati selezionati per il Premio Nazionale CNAI 2016 ai professionisti della divulgazione scientifica. Dopo aver vinto il Bando Nazionale per Giornalisti in Antartide, indetto dal Programma Nazionale di Ricerche in Antartide, nel novembre 2022 ha trascorso 15 giorni nelle basi di ricerca antartiche italiane.

Nel giugno 2023 ha realizzato il podcast "In Antartide" per RaiPlay Sound che ha vinto il premio come migliore podcast "green" agli Italian Podcast Awards. È membro del Comitato Scientifico della rivista "Quaderni di Comunicazione Scientifica" coordinata dal CNR.

Prefazione

Edwige Pezzulli assegnista di ricerca presso l'Istituto Nazionale di Astrofisica e comunicatrice scientifica. Autrice di laboratori didattici, workshop, conferenze e progetti scientifici, cura attività di allargamento della conoscenza scientifica che coinvolgono, tra le altre, persone recluse e contesti di marginalità.

Collabora con la Rai per approfondimenti scientifici, sia televisivi che radiofonici (Superquark+, Noos, Scienziate, Wikiradio) e nel 2022, assieme a un gruppo di colleghe, ha dato vita a *Là Fuori Festival della scienza e dell'arte*, un piccolo spazio aperto gratuitamente alla comunità dove la scienza e l'arte di incontrano per promuovere il pensiero critico come bene comune, attraverso laboratori, esperimenti, performance e dibattiti tra esperte ed esperti di scienza e di arte.

Nel 2019 ha vinto il Premio Nazionale per giovani ricercatori "Giovedì-Scienza" e nello stesso anno ha scritto, assieme ad altre cinque colleghe, il libro "Apri gli occhi al cielo – Guida all'Universo" (Mondadori), selezionata tra i finalisti del Premio Nazionale di Divulgazione Scientifica Giancarlo Dosi. Nel dicembre 2022 è stata insignita dell'onorificenza di Cavaliere dell'Ordine al Merito della Repubblica Italiana dal Presidente Sergio Mattarella.

Nel 2023 ha scritto, assieme a Nastassja Cipriani, il libro "Oltre Marie – Prospettive di genere nella scienza (Le plurali).

Editori e autori

Editori

Patrizia Caraveo
Dirigente di ricerca presso INAF (Istituto Nazionale di Astrofisica)

Annamaria Nassisi
Manager Space Economy Observation & Navigation in Thales Alenia Space Italia

Autori

Patrizia Caraveo
Dirigente di ricerca presso INAF (Istituto Nazionale di Astrofisica)

Paolo Conte
Redattore e conduttore di Radio3 Scienza

Emanuela De Fazio
Responsabile Editoriale – AISE INCOSE Chapter Italia e Technology Development Business Unit GCAP Leonardo

Alessia Gloder
CEO di Astradyne

Veronica La Regina
Direttore Generale di Space Cargo Unlimited

Monica Lazzarin
Docente del Dipartimento di Fisica e Astronomia dell'Università di Padova

Maria Vittoria Legnardi
Dottoranda in astronomia all'Università di Padova

Raffaella Luglini
Chief Sustainability Officer Leonardo

Annamaria Nassisi
Manager presso Thales Alenia Space Italia e co-leader WIA Europe Rome Chapter

Barbara Negri
Responsabile Volo Umano e Sperimentazione Scientifica in ASI

Elena Pettinelli
Professoressa Ordinaria di Fisica Terrestre Università degli Studi RomaTre

Bianca Maria Poggianti
Dirigente di ricerca dell'Istituto Nazionale di Astrofisica (INAF), Direttrice dell'INAF-Osservatorio Astronomico di Padova

Giorgia Pontetti
CEO di G&A Engineering e CEO di Ferrari Farm Soc

Elena Toson
CEO e Business Development Manager di T4i

Cristina Valente
Head of Institutional Key Account Management in Telespazio e co-leader WIA Europe Rome Chapter

Luisa Pontecorvo
studentessa

Ersilia Vaudo Scarpetta
ESA Chief Diversity Officer e Presidente de Il cielo itinerante

Lucia Votano
Dirigente di Ricerca affiliatala INFN

Ringraziamenti

Si ringrazia il Comitato Scientifico composto da:

- Patrizia Caraveo, Astrofisica, Dirigente di ricerca presso INAF (Istituto Nazionale di Astrofisica) e Presidente del Comitato Scientifico
- Annamaria Nassisi, Geofisica, Manager presso Thales Alenia Space Italia e Organizzatrice della rete delle relatrici.
- Fausto Perri, Docente di Fisica, già Vice Presidente dell'Agenzia Spaziale Italiana (ASI).
- Francesco Veltri, Fisico e astronomo.
- Amalia Ercoli Finzi, Ingegnere aerospaziale consulente scientifica della NASA, dell'ASI e dell'ESA,
- Bianca Maria Poggianti, Astrofisica e Dirigente di ricerca dell'INAF, l'Istituto Nazionale di Astrofisica, Direttrice dell'Osservatorio Astronomico di Padova.
- Raffaella Luglini, Chief Sustainability Officer Leonardo.

La Giuria del premio composta da:

- Paolo Conte, redattore e conduttore di Radio3 Scienza e Presidente della Giuria
- Leila Zoia, responsabile comunicazione Dipartimento Astronomia Università di Padova
- Elena Rigon, Imprenditrice Veneta
- Cristiana Ruggeri, giornalista televisiva Rai TG 2
- Giampaolo Colletti, Presidente WebTv Italia, il Sole 24 Ore
- Riccardo Mei, attore e doppiatore programmi televisivi Rai Mediaset

- Romina Gobbo, giornalista, contributor del quotidiano Avvenire e Famiglia Cristiana
- Alessandra Turco, Communication Manager, Formatrice e Autrice

Confindustria Veneto per il suo patrocinio del "Premio Rossella Panarese". Il premio per questa prima edizione è stato assegnato ad Andrea Bettini e Edwige Pezzulli.

E un particolare ringraziamento va a:

- Dante Fortunato per la sua tenacia nel credere in questo progetto per le donne e la divulgazione
- Alessandra Turco per la impeccabile gestione dell'evento con il team della comunicazione.
- Riccardo Mei, attore e cantante, voce narrante di numerosi programmi Rai (Superquark, Kilimangiaro, Voyager, Rai Storia, Freedom oltre il confine…) e di documentari del National Geographic, per la conduzione delle tre edizioni.
- Marco D'Angelo, responsabile comunicazione visiva e digitale e AD di MDesign Studio, per il supporto nelle prime fasi di costruzione delle sezioni delle relatrici, oltre ad aver lavorato nel team di comunicazione per l'evento.
- Alessia Gloder che, oltre ad aver partecipato come relatrice, ha messo a disposizione la sua esperienza musicale con il clarinetto, selezionando ed eseguendo dei brani ispirati all'ambito spaziale su immagini a scorrimento a tema.
- Annamaria Nassisi che, oltre ad aver partecipato come relatrice, ha messo a disposizione il suo network di donne contribuendo a concertare i contributi delle scienziate, ricercatrici, industriali
- Patrizia Caraveo che, oltre ad aver partecipato come relatrice, entusiasta di questo progetto che per la prima volta presenta in Italia un evento STEM di sole donne, ha proposto l'idea di fissare l'esperienza dell'evento di Abano Terme in questo libro.
- Amalia Ercoli Finzi che ci segue sin dalla prima edizione e che, nell'aprire il convegno ci ha regalato le sue splendide gocce di saggezza

E naturalmente a tutti quelli che hanno collaborato per la riuscita dell'evento e a tutte le relatrici che con entusiasmo hanno contribuito alla realizzazione di questo libro.

Infine un particolare ringraziamento al Regional Network di Roma delle Women in Aerospace Europe che, condividendo la mission di "Donne tra le stelle", è stato partner dell'evento dalla prima edizione.

Presentazione del libro

È un grande piacere presentare questo libro che illustra gli interventi delle relatrici del convegno "Donne fra le stelle".

Dire "Donne fra le stelle" è quasi un eufemismo, perché è come dire stelle fra le stelle. Stelle che cercano di brillare in un ambiente così difficile come quello della scienza, e anche in momenti difficili come sono quelli che noi stiamo vivendo adesso. Donne fra le stelle vuol dire donne che cercano di realizzare se stesse occupandosi di una materia che fino ad ora è sempre stata l'ultima roccaforte degli uomini, la scienza.

La scienza che come le altre materie STEM, tecnologie, matematica, ingegneria, è appunto quella in cui il talento degli uomini ha sempre brillato. Perché noi abbiamo un cappio che sono i tre *not*: *no talent, no temper, no time*, ovvero non abbiamo talento, non abbiamo carattere, non abbiamo tempo. Questo non è vero, perché anzi abbiamo dimostrato non solo di avere tutto questo, ma abbiamo dimostrato che è possibile coniugare quella che è la cura, che poi è sempre quella a cui siamo state demandate da sempre, con quella che è un'attività professionale anche in campi assolutamente diversi.

Ma il problema della cura resta un problema, soprattutto il problema della cura della famiglia. La cura della famiglia è in realtà quello che distingue proprio le donne dagli uomini, ovvero il problema della procreazione, perché per quello che riguarda l'allevamento dei figli, il farli crescere, farli studiare, farli diventare grandi, dovrebbe essere un problema che riguarda tutti i componenti della famiglia, cioè il marito, moglie, compagna, compagno, insomma tutti quelli che ruotano in questa cerchia familiare che è così importante nella struttura della nostra società. Insomma, il mettere al mondo i figli i nove mesi di gravidanza dovrebbero essere considerati un dono, un regalo che le donne fanno all'umanità perché possa andare avanti e costruire un futuro. È il regalo che noi facciamo perché l'umanità possa continuare a vivere, a funzionare nonostante i vari tempi, poi i vari problemi che a mano a mano nascono.

Insomma, le donne hanno bisogno di asili nido, hanno bisogno di supporto, hanno bisogno di aiuto e per questo noi chiediamo che vengano riconosciuti i nostri diritti in tutti i momenti della nostra vita, anche se noi non disdegnamo affatto il problema della cura. Il problema della cura è un problema sostanziale, un problema fondamentale che in realtà è quasi insito nelle donne. Voglio dire, la cura a mio avviso dovrebbe essere considerata un parametro di progetto.

Tutte le volte che si fa qualcosa bisogna tenere conto delle ricadute di quello che ci sta all'intorno, ma anche sull'intera umanità. Se è un progetto globale la cura deve essere fondamentale perché è importantissima, perché dice in che misura questo progetto influenzerà il futuro della nostra società, in particolare il futuro dei nostri giovani che, come dicevo, sono un patrimonio dell'umanità e che rappresentano l'umanità del futuro. È chiaro? E qui parlo delle donne, che noi donne abbiamo il diritto e il dovere di coltivare i nostri sogni.

I sogni sono una cosa essenziale perché rivelano, mettono a punto quelli che sono i nostri desideri più profondi, che noi spesso realizziamo con grande fatica e con grande impegno. I sogni non vanno tenuti nel cassetto perché poi c'è il rischio che si apre il cassetto e il sogno è scomparso, non c'è più. I sogni vanno realizzati, ma per poterli realizzare noi abbiamo bisogno del concorso di tutti e soprattutto del sostegno, della fiducia in noi stessi di tutte quelle qualità che rendono appunto possibile coniugare una vita di cura, un'attività di cura, con un'attività di ricerca, con un'attività scientifica, con un'attività ingegneristica.

Arriveremo a questo? Io penso di sì perché sono un ottimista e sono convinta che parlare di realizzazione di sogni vuol dire parlare di come diventare felici, di come essere felici e io auguro a tutti voi e a tutte voi in particolare di raggiungere il vostro massimo livello di felicità perché questo è il compito che noi ci siamo proposti. Grazie.

Grazie a lei per aver accettato di presentare questo libro e vorremmo rivolgerle alcune domande.

Domanda: Lei ha partecipato a tutte le edizioni di donne tra le Stelle, pensa che queste manifestazioni possano essere importanti per cambiare la percezione del pubblico verso le donne che si occupano di scienza, di ingegneria e dello spazio in genere.

Risposta: le manifestazioni come Donne fra le stelle sono importantissime, perché aiutano a sfatare l'idea che le donne non hanno le capacità per fare ricerca in ambito scientifico e ottenere dei risultati. E questo è tanto più vero quanto più i temi della ricerca sono inusuali, lontani dai tradizionali, i temi che il comune sentire ritiene invece di pertinenza dei soli uomini.

Domanda: Lei è stata la prima laureata in ingegneria aerospaziale in Italia, oggi i numeri sono cresciuti ma la presenza femminile resta minoritaria, perché, secondo lei, è importante che questa presenza aumenti?
Risposta: È assolutamente necessario che la presenza femminile in ambito aerospaziale aumenti in modo considerevole, perché, senza nulla togliere agli altri temi di ricerca, l'attività aerospaziale si caratterizza per la molteplicità delle materie che la rendono possibile, le loro strettissime interconnessioni e la portata delle ricadute. Le donne, per ragioni storiche, sono avvantaggiate nell'affrontare i problemi complessi, valutarli nella loro totalità e individuare le conseguenze, talvolta insospettabili, delle loro ricadute in campi spesso anche molto lontani. È questa una dote preziosa, resa tale anche dalla crescente globalizzazione delle attività umane tutte.

Domanda: A parte le loro competenze professionali e scientifiche, che contributo possono dare le donne al progresso dell'umanità?
Risposta: Le donne sono dotate di sensibilità e intuizioni rare, processi che vanno al di là della logica, ma che si nutrono di tutte le esperienze che sono patrimonio dell'inconscio e che rappresentano una grande ricchezza di informazioni. Queste doti consentono di prendere decisioni anche molto importanti, che tengano conto non solo del presente, ma anche del futuro, in una prospettiva di lungo termine e quindi svincolata dall'oggi e dall'immediato domani.

Domanda: Il mondo spaziale negli ultimi dieci anni è cambiato, diventando sempre più multidisciplinare, e nelle industrie si sta iniziando ad avere una maggiore sensibilità per avere un ambiente più inclusivo. A suo avviso, quali sono le azioni che si possono implementare per rendere più incisivo il ruolo delle donne come innovatrici sia in ambito tecnologico che manageriale? Servono le associazioni di donne per realizzare i loro sogni ed esser protagoniste?
Risposta: Le associazioni ci fanno sentire parte di una comunità in sintonia con le nostre aspirazioni. In un mondo sempre più aggressivo e competitivo, che fa del giudicare uno strumento di selezione, che mette in continua discussione le nostre capacità e i nostri diritti, le associazioni di donne (scienziate, ricercatrici, ma anche artiste, ecc.) sono baluardi che ci fanno sentire più forti e meno indifese. Le associazioni di donne aumentano la nostra autostima e ci insegnano che i nostri eventuali errori possono essere fonte di prezioso inse-

gnamento e soprattutto che ogni donna ha il dovere di coltivare i propri sogni e diventare protagonista nel suo ambito, a dispetto di chi la vuole relegata alla sola cura e/o a ruoli assolutamente secondari. E questo nuovo sentire sarà un vantaggio per l'intera umanità.

Grazie per le sue pillole di saggezza e nel saper infondere fiducia nelle giovani che vogliono intraprendere il percorso STEM.

e buona lettura a tutti

Amalia Ercoli Finzi, prima Ingegnera Aeronautica d'Italia e presente nelle tre edizioni

Indice

1. **Dal macrocosmo al microcosmo** 1
   Lucia Votano

2. **Lo studio delle galassie per comprendere le leggi che regolano il nostro Universo** 17
   Bianca Maria Poggianti

3. **Spazio alla Sostenibilità** 25
   Raffaella Luglini

4. **Dalla conoscenza dello spazio profondo alla protezione del nostro pianeta** 33
   Annamaria Nassisi

5. **In viaggio con comete e asteroidi per scoprire il passato ed esplorare il futuro** 55
   Monica Lazzarin

6. **Donne nel sistema solare** 73
   Patrizia Caraveo

7. **Il Cielo e il potere della meraviglia** 81
   Ersilia Vaudo Scarpetta

8. **Ammassi globulari, fossili cosmici della giovane Via Lattea** .. 85
   Maria Vittoria Legnardi

9	Siamo pronti per la quinta rivoluzione industriale? Sarà lo Spazio ad ospitare lo scenario della prossima rivoluzione industriale.. Veronica La Regina	93
10	Alimentazione del futuro su altri pianeti.............. Giorgia Pontetti	103
11	Tornare sulla Luna per restarci!.................... Barbara Negri	117
12	L'esplorazione dei pianeti alla ricerca di acqua liquida..... Elena Pettinelli	129
13	L'importanza dell'Innovazione Tecnologica nelle Attività Spaziali...................................... Elena Toson	139
14	Che impatto ha l'innovazione tecnologica spaziale nelle nostre vite?.. Alessia Gloder	147
15	WIA-Europe Rome Regional Network e ruolo delle Donne.. Cristina Valente	161
16	AISE e ruolo delle donne nell'Ingegneria dei Sistemi...... Emanuela De Fazio	171
17	Una roccia spaziale per amica..................... Luisa Pontecorvo	181
18	Rossella Panarese: una vita per la radio, la passione per la scienza.. Paolo Conte	187

1

Dal macrocosmo al microcosmo

Lucia Votano

Riassunto Lo studio del microcosmo e quello del macrocosmo potrebbero apparire discipline diverse. In realtà c'è una stretta connessione riconducibile all'universalità delle leggi fisiche la quale permette di applicare le conoscenze acquisite sulla Terra con il metodo galileiano, a contesti come l'universo che non consentono la diretta riproducibilità sperimentale. La summa delle nostre conoscenze sul microcosmo è racchiusa nel Modello Standard delle particelle elementari (MS). La nascita ed evoluzione dell'universo, sono invece descritte dal Modello Cosmologico Standard. Nel prosieguo viene presentato un quadro sintetico di quanto fin qui appreso sul microcosmo e sulla storia dell'universo, non mancando di sottolineare ciò che rimane da scoprire. Tra le particelle elementari i neutrini rivestono particolare interesse: nell'universo di materia ordinaria sono insieme ai fotoni le particelle più numerose, tuttavia le loro caratteristiche sono in parte ancora sconosciute e rimandano a nuova fisica oltre il MS. Nello studio dell'universo una novità rilevante è l'affermarsi dell'astrofisica multi-messaggera: per millenni l'uomo ha utilizzato solo la luce visibile, successivamente ha rivelato l'intera radiazione elettromagnetica; abbiamo poi scoperto che dal cosmo ci arrivano anche i raggi cosmici, i neutrini e infine le onde gravitazionali. Si sono quindi aperte progressivamente nuove finestre di osservazione dell'universo che ci stanno rivelando fenomeni finora poco noti.

L. Votano (✉)
National Institute of Nuclear Physics (INFN), Roma, Italy

1.1 Introduzione

Ringrazio gli organizzatori per avermi invitato a questo interessante convegno che intende valorizzare il ruolo delle donne nella ricerca aerospaziale e promuovere il dialogo tra le diverse competenze necessarie in un settore dal carattere naturalmente interdisciplinare e capace di generare in tempi relativamente brevi importanti ricadute tecnologiche.

Ho sempre svolto la mia attività di fisica sperimentale all'interno di un ente pubblico di ricerca, l'Istituto Nazionale di Fisica Nucleare, che ha come mandato lo studio teorico e sperimentale delle particelle elementari, i mattoni fondamentali della natura, e al contempo dell'universo, della sua nascita ed evoluzione. Negli ultimi decenni mi sono occupata principalmente di neutrini, elusive e ancora oggi misteriose particelle che pervadono l'intero universo. Le mie competenze potrebbero pertanto apparire, rispetto al tema del congresso, per certi versi collaterali.

L'obiettivo del mio intervento è però evidenziare le profonde connessioni tra lo studio delle particelle elementari e quello dell'universo e mostrare un quadro molto sintetico delle conoscenze già acquisite, ma anche di quanto ancora non sappiamo. Vorrei infine sottolineare l'importanza di avere il continuo apporto di menti giovani, anche femminili, che ci aiutino a procedere speditamente sulla via della conoscenza della intima essenza della natura.

1.2 L'Uroboro: il serpente che si mangia la coda

Potrebbe apparire scontato che lo studio del microcosmo e del macrocosmo siano discipline diverse e che i fisici che studiano l'uno e che studiano l'altro, appartengano a categorie completamente separate.

In realtà così non è e cercherò di spiegarne le ragioni.

Sappiamo che se si vogliono studiare gli ultimi mattoni fondamentali che costituiscono la materia, il luogo migliore in assoluto è il CERN di Ginevra, dove funziona il Large Hadron Collider (LHC), il più potente acceleratore di particelle al mondo. Se installiamo e operiamo un apparato sperimentale in una delle intersezioni dei fasci di protoni dell'acceleratore, quindi in un laboratorio sulla Terra, stiamo applicando il metodo sperimentale galileiano che è alla base della scienza moderna.

La domanda spontanea potrebbe essere: come si fa ad utilizzare tale metodo anche all'universo? Non possiamo certo andare in giro per il cosmo a installare esperimenti, per esempio in prossimità o all'interno di un buco nero. Come si può quindi applicare il metodo sperimentale allo studio dell'universo? Qual è la connessione che lo rende possibile?

La connessione risiede nell'universalità delle leggi fisiche.

L'universalità consente di applicare la conoscenza acquisita in certe condizioni, mediante un esperimento sulla Terra, a contesti diversi che non consentono la diretta riproducibilità sperimentale. Una lezione che ci arriva, fra l'altro, proprio da Galileo e da Newton, e più in generale dal periodo che chiamiamo la Rivoluzione scientifica del Seicento. Questi grandi scienziati hanno capito e ci hanno insegnato che la legge della gravità, che fa sì che se lascio andare un oggetto come la bottiglia d'acqua questa cada sul pavimento, è la stessa legge che regola il moto delle stelle, dei pianeti e l'intera struttura dell'universo. Applicando la legge di gravitazione universale sperimentata sulla Terra si possono fare previsioni sul moto dei pianeti o di altri corpi celesti che trovano poi un riscontro nello studio dei loro movimenti.

Molti altri esempi potrebbero essere portati, uno ancora tra tutti: abbiamo capito qual è la fonte della luce e dell'energia prodotte dal sole e dalle altre stelle dopo che abbiamo sperimentato in laboratorio le reazioni nucleari. Non c'è stato bisogno di immaginare viaggi impossibili di esplorazione all'interno della nostra stella.

Possiamo quindi studiare l'universo applicando il metodo scientifico grazie all'universalità delle leggi che regolano la natura e l'intero universo.

E inoltre, ripercorrendo la storia dell'universo da noi osservabile, vedremo che per spiegare la sua nascita ed evoluzione dobbiamo necessariamente partire da ciò che sappiamo sulle particelle elementari e sulle interazioni fondamentali che si esercitano tra esse.

Mi piace rappresentare l'interconnessione tra le minuscole particelle elementari e le immensità dell'universo con la figura dell'Uroboro, il serpente che si mangia la coda (Fig. 1.1), metafora di un percorso conoscitivo circolare che ci permette di andare dalle enormi dimensioni dell'universo osservabile a quelle tipiche della fisica delle particelle elementari, distanti tra loro di quasi 50 ordini di grandezza.

La summa di tutto ciò che oggi conosciamo sul microcosmo è racchiusa nel cosiddetto Modello Standard delle particelle elementari e delle interazioni fondamentali.

La nascita ed evoluzione dell'universo, al meglio delle conoscenze attuali, sono invece descritte dal Modello Cosmologico Standard.

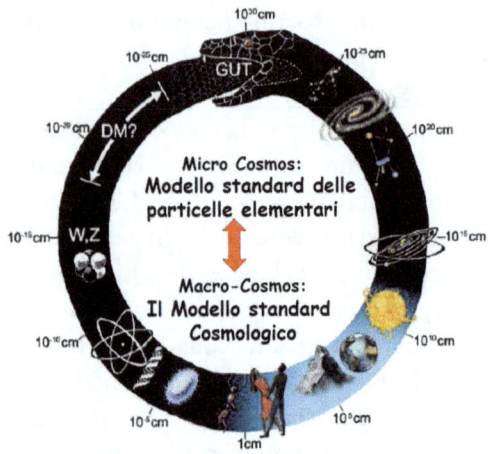

Figura 1.1 L'Uroboro, Rielaborazione da Fig. 8 dell'articolo Dirk k F Meijer, Processes of Science and Art Modeled as a Holoflux of Information UsingToroidal Geometry, Open Journal of Philosophy · August 2018 https://doi.org/10.4236/ojpp.2018.84026

1.3 La storia dell'universo

A differenza di quanto gli scienziati, compreso Einstein, pensassero fino a cento anni fa, sappiamo oggi che l'Universo non è statico, ha avuto un inizio che chiamiamo Big Bang circa 13,8 miliardi di anni fa e che da allora esso continua a espandersi. Inoltre, all'inizio del secolo scorso si riteneva ancora che l'universo si esaurisse nella nostra galassia, la Via Lattea.

Qual è stata la prima prova del fatto che l'universo ha avuto un'origine?

Prove consistenti dell'espansione dell'universo risalgono agli anni venti del secolo scorso quando Edwin Hubble e il suo assistente Milton Humason, usando il potente telescopio da 100 pollici di Mount Wilson, in California, osservarono che le galassie si stanno allontanando da noi. Hubble inoltre scoprì una relazione molto semplice: più una galassia è distante, più si allontana velocemente. È la cosiddetta legge di Hubble.

Se l'universo è in espansione, riavvolgendo il film della sua evoluzione all'indietro, ci deve essere stato un istante, un inizio che chiamiamo Big Bang, in cui l'universo era compresso in uno spazio dal quale ha iniziato ad espandersi. Un momento in cui l'universo era costituito da una miscela di particelle di grande energia e di enorme densità, quasi perfettamente uniforme e siamo in grado di stimare che ciò sia accaduto circa 13,8 miliardi di anni fa. Dopo un secolo di calcoli e osservazioni, oggi ne sappiamo molto di più grazie a strumenti sempre più sensibili e abbiamo elaborato un Modello Cosmologico

Standard che ci consente di descriverne abbastanza precisamente l'evoluzione ripercorrendo all'indietro la sua storia fino ad appena un millesimo di miliardesimo di secondo dopo il Big Bang, e in base al quale siamo in grado di dare una valutazione della sua età.

All'inizio l'universo era in una condizione che ancora oggi non sappiamo descrivere matematicamente perché non abbiamo a disposizione una solida teoria di gravità quantistica, provata sperimentalmente. Tuttavia l'universo ci ha impiegato pochissimo per arrivare a una condizione descrivibile con le leggi che conosciamo. Tutto si è consumato in frazioni di secondo fino a qualche minuto. Non a caso, quindi, un libro divulgativo del grande fisico Feynman ha come titolo "I primi tre minuti dell'universo".

Ma a partire da cosa l'universo ha cominciato a espandersi?

Qui cominciamo a entrare in un territorio dominato dalle ipotesi teoriche non ancora provate sperimentalmente.

Si postula che l'universo potrebbe essere nato dal vuoto, uno stato difficile da immaginare. Il vuoto di cui parlano i fisici è ben diverso dal nulla, così come il numero zero è reale tanto quanto gli altri numeri. L'ipotesi è che per ragioni sconosciute il vuoto contenesse una forma di energia in grado di esercitare una forza respingente, una specie di anti-gravità per cui lo spazio ha iniziato a espandersi a velocità esponenziale, superluminale. Inizia così il periodo dell'inflazione cosmica, che ha portato in frazioni infinitesime di tempo l'universo osservabile a raggiungere una dimensione macroscopica. L'esistenza del periodo inflazionario è necessaria per spiegare come mai esso su larga scala sia omogeneo e isotropo in qualunque direzione lo si osservi, anche a distanze maggiori di quelle che la luce ha potuto percorrere dall'inizio dell'universo. Una spiegazione, questa, molto accreditata, perché supportata da buone prove, ma in realtà ancora non del tutto compresa.

Occorre precisare che l'universo non si è espanso in uno spazio esterno: è la tessitura stessa dello spazio-tempo, descritta dalla relatività di Einstein, che si è dilatata e analogamente non dobbiamo immaginare un'espansione intorno a un centro: ogni punto nell'universo è equivalente a ogni altro. Seguiamo l'universo nella sua evoluzione caratterizzato da alcuni momenti topici.

Uno di questi è accaduto ad appena 10^{-11} secondi dal Big Bang. Fino a quel momento tutte le particelle che costituivano l'universo avevano massa zero e si muovevano alla velocità della luce: un universo di pura energia. Improvvisamente, come un ghiaccio che si condensa, nello spazio si è manifestato un campo di forze, il campo quantistico di Higgs, che ha dato massa alle particelle, in misura diversa le une dalle altre in funzione della specifica intensità della loro interazione con il campo di Higgs. Siamo in grado di affermarlo con certezza perché il bosone di Higgs, che è il quanto di questo campo di forze, esiste ed è stato trovato al CERN nel 2012 tra gli eventi registrati nei due apparati sperimentali ATLAS e CMS e conosciamo bene l'energia necessaria a produrlo. Un'energia che sulla base del modello Cosmologico stimiamo che l'universo avesse intorno a 10^{-11} secondi dopo il Big Bang.

Il modello cosmologico è, infatti, costruito partendo da quanto già conosciamo sulle interazioni fondamentali delle particelle e sulle osservazioni dell'universo in un gioco continuo di ottimizzazioni tra teorie e verifiche sperimentali.

Un altro momento importante è stato quando a pochi minuti dal Big Bang si sono formati i primi nuclei, quando cioè i protoni e neutroni si sono aggregati nei nuclei di idrogeno, di elio e i loro isotopi. Le reazioni termonucleari di nucleosintesi, che hanno consentito la formazione degli elementi chimici più leggeri, si sono innescate quando l'universo nella sua evoluzione ha raggiunto temperature di decine di miliardi di gradi, circa mille volte maggiori di quelle al centro del sole. Basandosi sulla conoscenza di queste reazioni nucleari, si è potuto calcolare l'abbondanza aspettata nell'universo degli elementi chimici più leggeri; una previsione che ha trovato conferma nelle osservazioni sperimentali.

Con la formazione dei primi nuclei, tutto ormai si è consumato e l'universo continua a espandersi e a raffreddarsi: questa è l'era della radiazione, in cui i fotoni, le particelle di luce, rimangono intrappolati nelle continue interazioni con i nuclei all'interno di un plasma caldissimo che pertanto è opaco. Circa 380.000 anni dopo il Big Bang la temperatura dell'universo, raffreddandosi, raggiunge circa 3.000 gradi Kelvin e gli elettroni hanno un'energia sufficientemente bassa da consentire loro di aggregarsi stabilmente nei primi atomi. Di conseguenza, la radiazione si è separata dalla materia e i fotoni per la prima volta cominciano a muoversi liberamente senza essere intrappolati dalla materia molto densa dell'universo primordiale; l'universo diventa trasparente alla luce.

Questa radiazione elettromagnetica che continua a permeare tutto lo spazio tra le stelle e le galassie si chiama radiazione cosmica di fondo e si indica con la sigla CMB (Cosmic Microwave Background). Ciascun centimetro cubo dell'universo contiene approssimativamente 400 fotoni di questa prima luce che ha cominciato a brillare 380.000 anni dopo il Big Bang. A causa dell'elevata temperatura, e quindi energia, che aveva l'universo in quel momento, si sono liberati fotoni di luce ultravioletta e visibile. Dopo più di 13 miliardi di anni l'universo si è ulteriormente espanso e la radiazione elettromagnetica emessa ha "allungato" la sua lunghezza d'onda, così come si è allungata la distanza tra due punti qualsiasi dell'universo. La luce ultravioletta e visibile emessa inizialmente ha virato verso le frequenze intorno alle microonde.

La radiazione cosmica di fondo è stata scoperta e misurata per la prima volta nel 1964 da Arno Penzias e Robert Woodrow Wilson dopo essere stata predetta teoricamente alla fine degli anni quaranta come conseguenza del modello cosmologico del Big Bang, di cui rappresenta pertanto la prova sperimentale più importante e definitiva.

La scoperta è avvenuta per caso: i due radioastronomi statunitensi misuravano un segnale continuo nei loro strumenti nell'intervallo di frequenze delle microonde, che attribuivano a un disturbo. Contemporaneamente però a Princeton si stava elaborando il modello del Big Bang, e mettendo insieme le informazioni si capì che quel disturbo, altro non era che l'eco di questa radiazione apparsa nell'universo bambino.

Il CMB rappresenta una miniera di informazioni per i cosmologi e contribuisce in maniera determinante a fissare molti parametri essenziali del Modello Cosmologico Standard sulla composizione, geometria ed evoluzione dell'universo.

Questa radiazione riempie tutto l'universo in modo molto uniforme, tuttavia strumenti sempre più sensibili hanno misurato piccole fluttuazioni di temperatura, a livello di qualche parte su 100.000, che si ritiene corrispondano a regioni di densità leggermente superiore nell'universo primordiale. L'azione della forza di gravità ha in seguito addensato in queste regioni, intorno a questi "semi cosmici", la materia sino a formare le prime galassie.

Bisognerà però aspettare centinaia di milioni di anni per vedere brillare le prime stelle e le prime galassie. Sotto questo aspetto il James Webb Telescope sta apportando nuovi e sorprendenti risultati.

Sappiamo inoltre che a un certo punto l'espansione dell'universo ha iniziato ad accelerare e siamo ancora oggi in questa fase per la quale non abbiamo ancora una spiegazione certa.

Nello studio dell'universo una novità molto significativa è arrivata dall'affermarsi dell'astrofisica multi-messaggera.

Per millenni l'uomo ha studiato l'universo utilizzando la luce delle stelle o quella riflessa dai pianeti; abbiamo successivamente imparato a rivelare e utilizzare non solo la luce visibile, ma l'intera radiazione elettromagnetica, dall'infrarosso all'ultravioletto, fino ad arrivare ai raggi X e ai raggi gamma, che ci hanno rivelato fenomeni fino ad allora sconosciuti.

Dagli anni '30 del secolo scorso abbiamo scoperto che dal cosmo ci arrivano anche altre particelle che sono i raggi cosmici.

E poi sono arrivati i neutrini, che ci aiutano a studiare l'interno delle stelle ed eventi cosmici catastrofici di altissima energia. Infine, le ultime arrivate sono le onde gravitazionali che ci stanno rivelando un mondo finora molto poco noto: scontri di buchi neri, o di stelle di neutroni e così via. Abbiamo quindi oggi molti modi diversi e complementari per leggere l'universo che ci circonda e questo approccio multi-messaggero, cioè la combinazione di informazioni desunte dalla osservazione di ogni specie di radiazione e di particelle che ci arrivano dal cosmo, si sta rivelando molto proficuo.

1.4 Il microcosmo delle particelle elementari

Che cosa si intende per particelle elementari?

Supponiamo di avere a disposizione un microscopio immaginario di cui si può aumentare a dismisura la risoluzione e di osservare un qualunque oggetto, per esempio la nostra mano. Vedremo prima le molecole delle sostanze di cui siamo costituiti, poi gli atomi, quindi i nuclei, gli elettroni, i protoni o i neutroni del nucleo e infine i quark e i gluoni al loro interno.

Questi microscopi ideali esistono e sono gli acceleratori di particelle che ci consentono di studiare i mattoni fondamentali che costituiscono l'intima struttura della materia, la natura, non solo sulla Terra, ma in tutto l'universo.

Negli acceleratori fasci di particelle circolano in anelli tenuti sotto vuoto a velocità prossime a quelle della luce. In quelli dell'LHC di Ginevra che hanno una circonferenza di 27 chilometri, girano in verso opposto due fasci di protoni di energia del TeV (10^{12} eV), continuamente accelerati e guidati da opportuni campi elettromagnetici. I due fasci di protoni si scontrano testa a testa in alcune zone di intersezione, e lì nascono nuove particelle rivelate da enormi e complessi apparati sperimentali. È un po' il principio per cui il bambino che vuole capire come funziona un giocattolo lo sbatte per terra e lo rompe per vedere che cosa c'è dentro. Andando a far collidere particelle a quelle velocità, a quelle energie, si vede cosa c'è dentro il giocattolo della natura.

Inoltre nella zona di collisione dei fasci si creano condizioni di temperatura, quindi di energia, che erano simili a quelle dell'universo caldo e denso immediatamente dopo il Big Bang.

Gli acceleratori, quindi, da una parte sono dei microscopi di risoluzione direttamente proporzionale alle energie delle particelle circolanti, dall'altra sono delle specie di macchine del tempo.

Ancora una volta lo studio dell'universo e del microcosmo si mostrano congiunti, e l'universalità delle leggi della fisica ci permette di estendere quello che abbiamo appreso con esperimenti condotti sulla Terra a tutto l'universo.

Che cosa sappiamo sulle particelle elementari e sulle loro interazioni?
Sappiamo anzitutto che in natura esistono sostanzialmente quattro forze fondamentali, le più note sono quella gravitazionale e la forza elettromagnetica che tutti conosciamo; ma poi c'è un'altra forza che chiamiamo debole, che interviene nei decadimenti radioattivi di alcuni nuclei e nei processi di fusione nucleare che alimentano le stelle. Infine c'è la forza forte che tiene insieme protoni e neutroni nei nuclei atomici. Poiché protone e neutrone in realtà sono particelle composite formate a loro volta da quark e gluoni, la forza forte tiene questi ultimi sempre confinati al loro interno e per quanti sforzi si possano fare per separarli, la forza forte aumenta proporzionalmente per impedirlo. Allo stato attuale delle conoscenze riteniamo quindi che elettroni e quark siano particelle elementari, a differenza di protoni e neutroni che hanno una struttura interna.

Grazie agli acceleratori di particelle i fisici hanno scoperto numerosissime particelle di dimensioni subnucleari e il quadro generale conoscitivo si è complicato sempre più. È apparsa quindi sin dagli anni '60 del secolo scorso l'esigenza di ricondurre questa complessità entro un unico schema, potremmo dire entro una nuova tavola di Mendeleev.

Questo schema unificante è il Modello Standard (MS) delle particelle elementari, la summa di tutto ciò che conosciamo al momento sul microcosmo.

Ci sono diciassette particelle nel MS che riescono a ricondurre sotto un unico principio di simmetria le numerosissime particelle subatomiche scoperte, o solo ipotizzate, e allo stesso tempo le loro interazioni, con la sola eccezione della gravità. Ci sono i mattoni elementari, che costituiscono la materia e al contempo le forze fondamentali. Ci sono, infatti, due generi diversi di particelle: quelle che sono materia, ad esempio i quark o gli elettroni, e quelle che "portano" o, più propriamente, mediano le forze, come ad esempio i fotoni per l'interazione elettromagnetica. Ogni interazione fondamentale inquadrata nel MS ha i propri mediatori e solo le particelle che sono soggette a una data forza producono o assorbono i mediatori di quell'interazione. Ricondurre l'idea di forza allo scambio di particelle è un concetto moderno delle teorie quantistiche di campo. Abbiamo capito che tutte le interazioni (o forze) che si esercitano tra le particelle materiali sono dovute a uno scambio di mediatori e quelle che noi chiamiamo "forze" sono gli effetti dei mediatori sulle particelle materiali.

Possiamo quindi affermare di conoscere tutto sul microcosmo e la struttura intima della materia?

La risposta è negativa, molte sono ancora le domande senza risposta.

D'altra parte il filoso Socrate diceva "È sapiente solo chi sa di non sapere, non chi s'illude di sapere e ignora così perfino la sua stessa ignoranza."

Basta solo ricordare che abbiamo capito che la materia a noi nota, così ben descritta dal MS, costituisce solo il 5 per cento dell'universo. Il 95 per cento è sostanzialmente ignoto, è il lato oscuro dell'universo. Nel bilancio energetico dell'universo un 25% circa è costituito da particelle massive che sicuramente non figurano tra quelle già note e descritte dal MS: la chiamiamo materia oscura perché non assorbe e non emette radiazione elettromagnetica. Il restante circa 70% è costituito da una forma di energia ancora sconosciuta, nota come energia oscura, che al momento riteniamo responsabile dell'espansione accelerata dell'universo.

Come avviene spesso nel processo conoscitivo, c'è quindi la necessità di immaginare nuova fisica, nuove particelle e andare al di là del MS.

1.5 I neutrini

Sappiamo che la straordinaria varietà di forme con cui la natura si manifesta sulla Terra, o nelle più lontane galassie dell'universo, può essere ricondotta a dodici "mattoni elementari" che interagiscono tramite quattro forze fondamentali; tra queste particelle elementari troviamo i tre neutrini di tre tipi o "sapori" diversi, il neutrino elettronico, muonico e del tau.

Nell'universo, o almeno in quello fatto di materia luminosa, i neutrini, insieme ai fotoni, sono le particelle più numerose, all'incirca un miliardo di volte di più dei protoni e dei neutroni di tutte le stelle dell'universo. Sono apparsi nell'universo ben prima della luce, ad appena un decimillesimo di secondo dal Big Bang, e ancora oggi, dopo quasi quattordici miliardi di anni, formano un fondo cosmico di energia estremamente bassa, al pari della radiazione primordiale di fotoni (CMB). Al momento purtroppo non siamo ancora in grado di misurare questi neutrini fossili che ci potrebbero fornire informazioni preziose sui primissimi istanti dell'universo.

Privi di carica elettrica, di massa piccolissima, elusivi come fantasmi, interagiscono con la materia con cui vengono a contatto solo attraverso la forza debole; sono quindi in grado di attraversare indenni la terra, lo spazio, arrivando sino a noi dagli angoli più remoti e nascosti dell'universo. Sono stati pertanto definiti "la cosa più vicina al niente che esista" e ancora oggi sono le meno capite nel microcosmo delle particelle elementari.

Sappiamo inoltre con certezza che i neutrini oscillano, cambiano la loro identità viaggiando nello spazio e nel tempo, si trasformano oscillando da un sapore a un altro. Tale fenomeno è la dimostrazione che i neutrini possiedono masse diverse, ma non ci dice nulla su come le tre differenti masse siano ordinate e quali i loro valori assoluti di cui conosciamo al momento complessivamente solo dei limiti superiori.

I fisici hanno festeggiato nel 2012 la scoperta del bosone di Higgs che dovrebbe spiegare il meccanismo per cui tutte le particelle acquistano massa. Ci sono tuttavia fortissimi dubbi che questo si applichi anche ai neutrini, per i quali il Modello Standard non prevede siano necessariamente massivi. Inoltre rimane un mistero il perché i neutrini siano così leggeri, ben undici ordini di grandezza meno pesanti rispetto al top quark.

Ecco quindi un'altra evidenza sperimentale di come sia necessario andare oltre la pur perfetta armonia della descrizione della natura fatta dal MS.

1.6 Da dove arrivano i neutrini?

Sulla Terra la sorgente principale è il Sole: giorno e notte ogni superficie pari a quella di un'unghia è attraversata da circa 60 miliardi di neutrini al secondo, senza che essi siano catturati dal nostro corpo. Più in generale, tutte le stelle nel loro normale funzionamento sono sorgenti naturali di neutrini che vengono emessi nei processi di fusione nucleare al loro interno. Anche l'ultimo sospiro delle stelle molto massicce al momento della morte è fatto di neutrini. Quando il combustibile che alimenta i processi di fusione si esaurisce e non controbilancia più la forza di gravitazione, la stella prima collassa e poi rimbalza su stessa ed esplode, emettendo nello spazio a velocità di migliaia di chilometri al secondo gli strati esterni, diventando luminosissima. È il fenomeno della supernova. Nel breve periodo in cui tutto il processo si consuma viene emesso anche un potentissimo fiotto di neutrini.

Neutrini sono anche emessi nei processi radioattivi naturali e in particolare nel decadimento degli isotopi di uranio, torio e potassio, presenti nel mantello e nella crosta terrestre. I decadimenti sono accompagnati dall'emissione di (anti)neutrini, che chiamiamo geoneutrini, i quali, arrivando indisturbati sino ai nostri rivelatori, possono fornirci utili informazioni sui meccanismi di produzione e di trasporto del calore negli strati più profondi che governano la dinamica terrestre.

Li troviamo poi nell'atmosfera terrestre come prodotti secondari dell'interazione dei raggi cosmici con gli atomi dell'atmosfera.

Inoltre l'esperimento Icecube al Polo Sud ha rivelato neutrini di energia elevatissima, fino a milioni di volte l'energia corrispondente alla massa del protone, prodotti da eventi cosmici d'inaudita violenza in cui sono coinvolte enormi masse, buchi neri, stelle di neutroni. Sono eventi in grado di generare anche raggi gamma e raggi cosmici di enorme energia o eventualmente onde gravitazionali. La simultanea osservazione con particelle differenti di alcuni di questi eventi estremi ha di recente segnato la nascita dell'astrofisica multi-messaggera. IceCube è stato in grado di rivelare questi neutrini di origine extragalattica strumentando un chilometro cubo di giaccio antartico con rivelatori sensibilissimi, da qui il suo nome.

Infine i neutrini possono anche essere prodotti artificialmente nei reattori nucleari a fissione usati per la produzione di energia, e da acceleratori di particelle.

Nonostante i grandi progressi degli ultimi decenni molto rimane ancora da scoprire su di essi. L'origine, i valori e la scala delle masse dei neutrini conosciuti sono ancora oggi oggetto di domande cui non sappiamo rispondere e quindi di ricerche in corso o già programmate.

I fisici che studiano i neutrini hanno la vita piuttosto complicata, perché la loro elusività, la scarsa propensione all'interazione, richiede esperimenti di grande massa per aumentare la probabilità che qualcuno di essi venga catturato dandoci qualche informazione sulle sue caratteristiche. Abbiamo già parlato dell'esperimento IceCube al Polo Sud, in generale gli esperimenti che studiano i neutrini si svolgono in miniere e laboratori sotterranei, nelle profondità marine o nella Pampa argentina, oppure in località vicine a reattori nucleari. Tutti luoghi poco consueti, e in qualche caso estremi.

In Italia lo studio dei neutrini si svolge principalmente nel laboratorio del Gran Sasso (LNGS), il più grande laboratorio sotterraneo al mondo dedicato alla fisica astroparticellare (Fig. 1.2). Al suo interno sono stati studiati i neutrini dal sole, dalla Terra, dalle supernove e anche quelli del fascio di neutrini muonici prodotti al CERN e indirizzati verso il laboratorio abruzzese. Utilizzando questo fascio di neutrini l'esperimento OPERA ha potuto dare la prima prova diretta del fenomeno delle oscillazioni, rivelando cioè i neutrini che nei 730 km del loro viaggio sotterraneo si erano trasformati da neutrini muonici in neutrini tau.

Figura 1.2 Rappresentazione pittorica del Laboratorio sotterraneo del Gran Sasso (LNGS). (Credito: https://www.lngs.infn.it/en)

1.7 L'esperimento JUNO in Cina

I neutrini sono ormai da alcuni decenni l'argomento principale della mia attività di ricerca e per inseguirli mi sono messa idealmente sulla via della seta per partecipare a JUNO, un esperimento di ultima generazione in fase di costruzione nella Cina meridionale.

Abbiamo già visto che non solo non conosciamo le masse dei tre neutrini, ma non sappiamo neanche come esse siano ordinate, quale sia il più pesante o quale il più leggero.

La misura dell'ordine o gerarchia delle masse è uno dei grandi problemi aperti che aspettano ancora oggi una risoluzione ed è lo scopo principale dell'esperimento JUNO che dovrebbe entrare in funzione a breve in un nuovo laboratorio sotterraneo scavato nel sud della Cina a 43 km dalla città di Kaiping, nella provincia di Guangdong.

Oltre a voler stabilire quale sia l'ordine delle masse dei tre tipi di neutrini conosciuti, più in generale, JUNO si propone di misurare con grande precisione i parametri caratteristici del fenomeno delle oscillazioni. Sarà anche un eccellente rivelatore per i neutrini solari, per quelli che vengono dal profondo della Terra e per quelli che sono emessi quando una stella massiccia si spegne.

JUNO utilizza i neutrini artificiali prodotti dalle centrali nucleari civili. I reattori nucleari, infatti, nel decadimento dei frammenti di fissione emettono

Figura 1.3 La sala sperimentale di JUNO. (Credito: http://juno.ihep.cas.cn/)

moltissimi antineutrini. Per questo l'esperimento è posto a una distanza ottimale rispetto a un nuovo complesso di centrali nucleari (Yangjiang e Taishan) di grande potenza.

L'apparato sperimentale (Fig. 1.3) è costituito da un'enorme sfera di circa 35 metri di diametro contenente 20.000 tonnellate di scintillatore liquido, una sostanza nella quale il passaggio delle particelle cariche genera l'emissione di deboli segnali luminosi che sono raccolti, amplificati e registrati tramite 25.000 strumenti foto-sensibili chiamati fotomoltiplicatori (PM). Il contenitore dello scintillatore è a sua volta immerso in una grande vasca di acqua equipaggiata con rivelatori per la luce Čerenkov, emessa dalle particelle cariche quando si muovono nell'acqua a una velocità superiore a quella della luce in quella sostanza. Questo rivelatore esterno ad acqua ha la funzione di schermare quello più interno dalla radioattività ambientale e segnalare in tempo reale il passaggio dei raggi cosmici – essenzialmente muoni – che sono una sorgente di eventi che creano un disturbo alle misure.

La necessità di avere a disposizione in tempi brevi un così alto numero di foto-rivelatori ha stimolato un'intensa attività di Ricerca&Sviluppo dell'industria cinese in questo settore, che trova poi diverse applicazioni anche in altri campi, come per esempio in quello della diagnostica medica per immagini. In precedenza, il quasi monopolio di questi fotosensori era in mano ai giapponesi,

JUNO invece utilizzerà all'80% fotomoltiplicatori cinesi ormai tecnicamente competitivi, con evidenti vantaggi commerciali.

JUNO in realtà non è un esperimento esclusivamente cinese: è una collaborazione di circa 700 scienziati da tutto il mondo: russi, americani, alcuni Paesi asiatici e molti Paesi europei, compresa l'Italia con l'INFN. La partecipazione degli scienziati cinesi rimane comunque maggioritaria, sia in termini numerici, sia soprattutto finanziari. Su un costo complessivo di realizzazione, spalmato in più anni, di circa 350 milioni di euro, il finanziamento cinese ne copre oltre il 90%.

JUNO è quindi un grosso investimento affrontato sostanzialmente da un unico Paese e di entità inimmaginabile al momento per una singola nazione europea.

È quindi evidente come il peso delle nazioni asiatiche nel campo della ricerca scientifica anche di base come quella sui neutrini, sia non solo crescente, ma ormai preponderante.

1.8 Conclusioni

Le ricerche nel campo della fisica delle particelle elementari e nello studio dell'universo sono intimamente connesse e negli ultimi cento anni hanno fatto enormi progressi, mai registrati finora nella storia. Conosciamo molto, ma è molto di più quello che non sappiamo e le domande ancora aperte sono numerose e di grande rilevanza.

Da qui l'invito ai giovani ad appassionarsi alla ricerca scientifica, c'è ancora molto lavoro da fare e le occasioni per esercitare un mestiere sicuramente impegnativo ma dalle grandi soddisfazioni non mancano. Infine vorrei dare un ultimo messaggio speciale alle giovani donne. Non abbiate timore di intraprendere la carriera della ricerca scientifica, non ci sono per voi limitazioni "genetiche", solo residui di una società e un'educazione ormai superate. Anche nel mondo della ricerca scientifica ci sono ancora ritardi culturali, forse più subdoli che espliciti. Mancano poi in generale supporti al lavoro delle donne e alle mamme che penalizzano la possibilità di conciliare l'impegno nella ricerca con quelli familiari, ma la mia generazione ha dimostrato in modo non più episodico che è possibile, anche se con difficoltà.

Mi preoccupa poi la scarsa frequentazione della Cultura scientifica da parte del nostro Paese e di chi ci deve governare, la scarsa consapevolezza che la debolezza dell'Italia in campo economico e sociale è proprio il frutto di una scarsa considerazione e di insufficienti investimenti nella ricerca, nella formazione e nella cultura e nella formazione nel senso più ampio, ma intrisa anche di Scienza.

Lucia Votano Dirigente di Ricerca dell'Istituto Nazionale di Fisica Nucleare si occupa di fisica astroparticellare. È stata Direttrice del Laboratorio Nazionale del Gran Sasso dell'INFN, il più grande laboratorio sotterraneo di fisica astroparticellare del mondo. Ha lavorato al CERN di Ginevra, al laboratorio DESY ad Amburgo e al Laboratorio del Gran Sasso. Si è dedicata principalmente allo studio dei neutrini ed è stata tra i protagonisti della scoperta, in modo diretto, del fenomeno delle oscillazioni utilizzando il fascio di neutrini inviati sotto la crosta terrestre dal CERN di Ginevra verso il Gran Sasso. Al momento fa parte dell'esperimento "JUNO" in costruzione nella Cina Meridionale. È stata membro dello Strategy Group del CERN e dello Scientific Advisory Committee della fisica astroparticellare europea. Nell'Aprile 2010 è stata insignita dal Presidente della Repubblica dell'onorificenza di Commendatore al merito della Repubblica Italiana per meriti scientifici. Presiede la Commissione giudicatrice del premio L'Oreal-Unesco *For Women in Science* per giovani ricercatrici. Ha pubblicato tre libri a carattere divulgativo: *La via della seta. La fisica da EnricoFermi alla Cina*, Di Renzo editore 2017. *Una storia di successo-L'istituto Nazionale di Fisica Nucleare*, Di Renzo editore 2022. *Il fantasma dell'universo-Che cos'è il neutrino*, Carocci editore, nuova edizione 2024

2

Lo studio delle galassie per comprendere le leggi che regolano il nostro Universo

Bianca Maria Poggianti

Riassunto Il nostro è un Universo di galassie. Questi sistemi di stelle, gas, polveri e materia oscura sono le strutture principali del cosmo. Le loro caratteristiche e la loro evoluzione sono determinate da numerosi e complessi processi fisici. Alcuni di questi processi sono legati all'ambiente in cui le galassie si trovano e questo è particolarmente evidente negli ammassi di galassie, che raccolgono migliaia di galassie in uno spazio relativamente ristretto. Grandi progressi sono stati fatti negli ultimi anni nella comprensione di questi fenomeni utilizzando simulazioni e strumentazione di avanguardia da terra e dallo spazio. Presentando risultati del progetto "GASP", finanziato dalla Comunità Europea, qui di seguito descrivo alcuni degli aspetti più interessanti del fenomeno cosiddetto di "ram pressure stripping", che consiste nella perdita del gas dal disco delle galassie a causa dell'interazione con il gas molto caldo e denso che si trova tra una galassia e l'altra all'interno degli ammassi. Il gas "strappato" alle galassie può formare delle spettacolari code unilaterali che assomigliano ai tentacoli di una medusa, perciò galassie di questo tipo sono state soprannominate "galassie medusa". Formazione stellare nei tentacoli, attività del buco nero super-massiccio al centro delle galassie e trasformazione dell'aspetto morfologico di questi oggetti sono i punti principali toccati in questo capitolo.

B. M. Poggianti (✉)
Astronomical Observatory of Padua, National Institute of Astrophysics (INAF), Padova, Italy
e-mail: bianca.poggianti@inaf.it

2.1 Introduzione

Da oltre 25 anni conduco la mia attività di ricerca all'Osservatorio Astronomico di Padova (conosciuto dai padovani come "la Specola"), che attualmente ho l'onore di dirigere. L'Osservatorio di Padova fa parte dell'Istituto Nazionale di Astrofisica, che è l'ente di ricerca nazionale dedicato all'astrofisica che ha sedici sedi in tutta Italia.

L'astrofisica è un campo molto vasto, che spazia dal Sole agli oggetti del Sistema Solare, alle galassie più lontane e fino al Big Bang. In questo capitolo vi presento il mio filone di ricerca e i risultati più recenti che si sono ottenuti in questo campo, quello dell'evoluzione delle galassie, che è uno dei più attivi dell'astrofisica moderna.

2.2 Le galassie

Le galassie sono le strutture principali che vediamo nell'Universo, i famosi "Universi Isola", come li definiva il filosofo Immanuel Kant che già nel XVIII secolo intuì la natura di questi sistemi. Le domande che ci poniamo sono innanzitutto come si formano queste strutture bellissime, come cambiano nel tempo, quindi come evolvono e perché. In altre parole, quali processi determinano la loro forma, la loro massa, il loro colore e tutte le altre loro caratteristiche. Lo scopo ultimo è appunto quello di capire le leggi fisiche che governano l'Universo.

Le galassie possono assumere forme molto diverse: possono avere una forma a spirale, con un disco predominante, oppure essere ellittiche oppure lenticolari (Fig. 2.1), o ancora avere una forma irregolare.

Le componenti principali delle galassie sono quattro: le stelle (con i pianeti che orbitano loro attorno), il gas (principalmente idrogeno), la polvere e la

Figura 2.1 Esempio di galassia a spirale (sinistra), ellittica (centro) e lenticolare (destra). (Credito ESA)

2 Lo studio delle galassie per comprendere le leggi del nostro Universo

materia oscura. Le stelle si formano dal gas interstellare (nelle regioni dove il gas è più denso e freddo, le cosiddette nubi molecolari) e a loro volta restituiscono del gas alle regioni circostanti, specialmente verso la fine della loro vita. Esiste quindi un ciclo continuo col quale la materia passa da stelle a gas interstellare e viceversa.

Inoltre, ogni galassia non è una scatola chiusa, ma è un sistema che scambia materia con l'ambiente circostante. Si è capito che le galassie sono circondate da un grande alone di gas, che è una vera e propria riserva di materiale gassoso che può in parte andarsi a depositare nel disco della galassia e quindi alimentare la formazione di nuove stelle.

Viceversa, una parte o anche tutto il gas che c'è nel disco può essere espulso dalla galassia stessa, a causa di vari processi interni che lo espellono o processi esterni che lo "strappano" alla galassia stessa. La vera sfida per comprendere l'evoluzione delle galassie è quindi capire quali sono i processi fisici che sono responsabili per questa entrata e uscita del gas dai dischi galattici.

Un concetto fondamentale da tenere presente è che le galassie non sono distribuite nell'universo in modo omogeneo, ma si dispongono lungo regioni filamentose (i filamenti) o si aggregano in gruppi di centinaia di galassie o ammassi di migliaia di galassie, formando una sorta di ragnatela cosmica. Gli ammassi sono le strutture più massicce dell'Universo che si trovano alle intersezioni dei filamenti e accrescono continuamente nuove galassie che sono attirate per effetto della gravità.

Gli ammassi di galassie contengono moltissime galassie lenticolari, parecchie ellittiche e poche spirali. Al contrario, fuori dagli ammassi ci sono molte spirali, poche ellittiche e poche lenticolari. Questo dimostra che le proprietà delle galassie dipendono fortemente dall'ambiente in cui si trovano, cioè variano a seconda che esse facciano parte di un filamento, di un gruppo o di un ammasso.

Inoltre, tutto l'Universo è pervaso da gas intergalattico, che negli ammassi è particolarmente denso e caldo ma che è presente anche nei gruppi e filamenti.

2.3 Progetto GASP

Il progetto portato avanti dal mio gruppo negli ultimi anni si chiama GASP, che è l'acronimo di "Gas Stripping Phenomena in Galaxies", cioè i fenomeni fisici che riescono a strappare il gas alle galassie. Questo progetto è stato finanziato dal Consiglio per la ricerca europeo con un ERC Advanced Grant di 2 milioni e mezzo di euro per cinque anni. Questi soldi vengono impiegati principalmente per finanziare giovani menti, giovani ricercatrici e ricercatori, per collaborare a questo progetto. All'Osservatorio di Padova il gruppo di GASP comprende una quindicina di persone, tra personale a tempo indeterminato, PostDoc e dottorande/i. Un aspetto che mi piace sottolineare della ricerca astrofisica è proprio il teamwork, cioè il fatto di lavorare in un team. Ormai la ricerca astrofisica si fa in gruppi, sono rarissimi i casi in cui l'astrofisica, l'astrofisico lavora da sola/o.

Un altro aspetto che è importante sottolineare è l'internazionalizzazione della ricerca astrofisica. Questo è vero in tutti i campi della scienza, perché si lavora e ci si confronta a livello mondiale, all'interno di una comunità scientifica globale.

Al momento la collaborazione GASP ha pubblicato 70 articoli su riviste internazionali che si servono della valutazione indipendente di esperti (referee), qui accenno soltanto tre dei filoni di risultati riguardanti gli ammassi di galassie.

Il processo fisico più importante negli ammassi di galassie vicini a noi si chiama "ram pressure stripping" (ram pressure = pressione di ariete; stripping vuol dire strappare via). All'interno degli ammassi tutte le galassie si muovono ad alte velocità rispetto al gas intergalattico a cui si è accennato sopra. Questo gas intergalattico denso e caldo esercita una pressione, la cosiddetta pressione di ariete, sul gas che è all'interno del disco della galassia e in alcuni casi riesce a spingere il gas fuori dal disco quando questa pressione supera la forza di gravità della galassia stessa che tende invece a trattenere il gas. Può essere pensato come un vento, come se qualcuno soffiasse sulla galassia e le strappasse via il gas che ha al suo interno.

Le simulazioni idrodinamiche ci danno un'idea anche visuale di quello che succede (Fig. 2.2). La galassia sottoposta a ram pressure stripping inizia a perdere gas prima dalle sue regioni più esterne e si iniziano a formare delle code filamentose da un lato del disco. Lo stripping poi procede via via sempre più verso la zona interna del disco e in alcuni casi viene perso tutto il gas. Senza gas, la galassia non è più in grado di formare nuove stelle e lentamente cambia colore perché le sue stelle evolvono. Il tempo scala affinché tutto il gas si esaurisca è dell'ordine di un miliardo di anni.

Tutte le galassie che entrano a far parte di un ammasso sono soggette a ram-pressure stripping. Anche nei gruppi di galassie si può assistere a questo processo, soprattutto quando una galassia piccola entra nell'alone di gas di una galassia più grande. Infatti, ram-pressure stripping avviene nelle galassie piccole anche nel nostro Gruppo Locale, il gruppo di cui fa parte la nostra Galassia.

 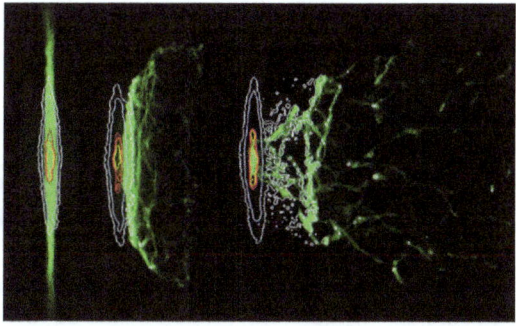

Figura 2.2 Adattamento di figura da Steinhauser et al. 2012 (destra) che mostra vari fasi di una simulazione di ram-pressure stripping: il gas (verde) viene dislocato ("strappato") rispetto al disco galattico (contorni bianchi)

Per il progetto GASP utilizziamo anche simulazioni, ma soprattutto osservazioni. Osservare con telescopi da terra o dallo spazio è il modo in cui possiamo fare "esperimenti" dell'Universo secondo il metodo scientifico galileiano. Ovvero, raccogliendo osservazioni astronomiche possiamo fare delle misure, della luce nel nostro caso, oppure di altri messaggeri di informazione come i neutrini e le onde gravitazionali.

2.4 Spettrografo MUSE e immagini da satellite

Per le nostre osservazioni abbiamo utilizzato vari strumenti e telescopi. La base del nostro progetto è costituita da osservazioni con uno spettrografo di avanguardia, che si chiama MUSE e riesce ad ottenere circa 90.000 spettri con una sola osservazione. Si tratta di uno spettrografo a cosiddetto campo integrale, che fornisce uno spettro per ciascuna piccola regione della galassia che si osserva.

Con MUSE abbiamo osservato più di 100 galassie a spirale, di cui molte negli ammassi.

La particolarità del nostro programma osservativo è il fatto che per ora sia l'unico in grado di coprire con un'osservazione non solo la parte centrale del disco, ma tutto il disco galattico e anche le regioni circostanti, che sono quelle importanti per i processi di accrescimento e di perdita del gas. MUSE è montato al Very Large Telescope da 8 metri di diametro dell'European Southern Observatory nel deserto di Atacama, a Cerro Paranal, in Cile, a 2400 metri sul livello del mare (Fig. 2.3).

Figura 2.3 Spettrografo MUSE (a sinistra) montato al Very Large Telescope (a destra) a Cerro Paranal, Cile. (Credito: foto European Southern Observatory)

MUSE è estremamente potente, però ci consente di raccogliere solo la "luce" (le lunghezze d'onda della radiazione elettromagnetica) nella banda visibile, cioè quella a cui sono sensibili anche i nostri occhi. Per poter studiare l'emissione di gas e stelle anche ad altre lunghezze d'onda abbiamo condotto campagne osservative anche con altri telescopi, come ALMA che studia la regione millimetrica, MeerKAT e JVLA che studiano le onde radio, e ancora in orbita, l'Hubble Space Telescope (NASA/ESA) che ottiene una risoluzione spaziale squisita e il satellite AstroSAT (ISRO) che vede la radiazione ultravioletta, ottica e raggi X.

La Fig. 2.4 mostra le immagini Hubble Space Telescope di due galassie di GASP in cui abbiamo combinato esposizioni prese con diversi filtri. Si vedono chiaramente le "code" di gas che è stato strappato dal disco dalla ram pressure in cui si formano nuove stelle. A causa di questi "tentacoli" unilaterali queste galassie vengono talvolta chiamate "galassie medusa" perché assomigliano appunto agli animali che si trovano in tutti i mari e oceani. Questi sono gli esempi più estremi di ram pressure stripping che si possono osservare. Il fatto che nelle code si formino nuove stelle è un risultato inatteso, perché esse si formano fuori da un disco galattico in un ambiente molto ostile, circondate dal gas intergalattico molto caldo.

Le stelle nelle code si formano in "clumps" (in italiano grumi) che hanno una massa tipica di circa un milione di masse solari e possono arrivare ad avere oltre 10 milioni di masse solari. Di massa simile sono le cosiddette galassie nane, quindi è possibile che nelle code si formi una popolazione di galassie nane che, al contrario delle galassie nane conosciute, sarebbero prive di materia oscura e quindi sarebbero oggetti molto peculiari.

Un altro risultato inatteso ha riguardato i nuclei galattici attivi. Un nucleo galattico attivo è la regione centrale di una galassia in cui il buco nero supermassiccio che si trova al centro accresce, cioè ingoia, materia che gli stava

Figura 2.4 Due galassie medusa del progetto GASP, JO201 (sinistra) e JW100 (destra). Le immagini sono una combinazione di esposizioni prese con diversi filtri dall'Hubble Space Telescope. (Gullieuszik et al. 2023, European Space Agency picture of the week)

intorno. Buchi neri supermassicci esistono al centro di tutte le galassie, però non accrescono continuamente materia.

Quando il nucleo galattico è attivo emette molta energia a tutte le lunghezze d'onda della radiazione, e quindi si rende visibile. Abbiamo scoperto che nelle galassie medusa la frazione di nuclei galattici attivi è più alta che nelle galassie normali. Quindi in qualche modo la ram pressure deve favorire l'accrescimento del gas nel buco nero centrale.

Anche questo risultato era inatteso perché, in un certo senso, è controintuitivo. Visto che la ram pressure strappa il gas alle galassie, perché dovrebbe aumentare l'accrescimento di gas nel centro? Si crede che questo avvenga perché quando la ram pressure è in atto avviene una ridistribuzione di momento angolare e il gas può più facilmente cadere vero il centro.

L'ultimo risultato a cui voglio accennare è quello sulla morfologia delle galassie, spiegando come e perché la forma di una galassia cambia quando subisce l'effetto della ram pressure. Per molti anni si è ipotizzato che una galassia a spirale possa evolvere in una galassia lenticolare, quando la sua formazione stellare si spenge perché viene a mancare il gas.

Dai nostri dati MUSE abbiamo dimostrato, tramite modelli dell'evoluzione della luce delle galassie, che la ram pressure può produrre questo effetto, cioè può indurre l'evoluzione della morfologia da spirale a lenticolare semplicemente perché' le stelle del disco invecchiando diventano meno luminose e cambiano colore.

2.5 Conclusioni

Per concludere, il futuro dell'astrofisica è veramente roseo. Non è un caso che negli ultimi dieci anni moltissimi dei premi Nobel per la fisica siano andati a ricerche di tipo astrofisico. Nei prossimi anni, grazie ai nuovi strumenti e nuovi telescopi al momento in costruzione ci si aspettano altre grandi scoperte che rivoluzioneranno la nostra visione dell'Universo.

Per quello che riguarda i nostri progetti futuri per lo studio dell'evoluzione delle galassie, intendiamo estendere lo studio dettagliato che abbiamo fatto con GASP anche ai gruppi di galassie e ai filamenti, per ora vicini a noi. In un futuro un po' più lontano, grazie a nuova strumentazione come ad esempio SKA (per studiare l'idrogeno neutro) e MAVIS (per studiare i clumps di formazione stellare), potremo compiere questo tipo di studi per galassie più lontane, in epoche cosmologiche più vicine al Big Bang, e capire come questi processi fisici funzionavano miliardi di anni fa.

Bianca Maria Poggianti Direttrice dell'INAF-Osservatorio Astronomico di Padova, è un'astrofisica che studia l'evoluzione delle galassie. Laureata in Fisica a Pisa, ha trascorso periodi di ricerca nei Paesi Bassi, Regno Unito e Germania. Vincitrice del Premio Bessel alla ricerca della von Humboldt Foundation, responsabile di un progetto Advanced Grant finanziato dalla Commissione Europea e socia dell'Accademia dei Lincei, è attualmente Direttrice dell'Osservatorio Astronomico di Padova, che fa parte dell'Istituto Nazionale di Astrofisica.

3

Spazio alla Sostenibilità

Raffaella Luglini

Riassunto Lo spazio rappresenta un universo complesso e dinamico che stimola l'innovazione e la ricerca, spingendo oltre i limiti conosciuti. Le attività di ricerca e sviluppo, le tecnologie avanzate, le competenze umane e la diversità di pensiero giocano un ruolo cruciale nel plasmare il futuro sia sulla Terra che oltre. In questo contesto, lo spazio emerge come un ambiente naturalmente orientato alla sostenibilità, promuovendo l'esplorazione e la cooperazione internazionale per il bene del pianeta, in linea con i principi di equità e inclusione. L'Italia, con una filiera completa nella Space economy, vede in Leonardo un campione nazionale e leader europeo. Le soluzioni di osservazione della Terra sono cruciali per la protezione del pianeta e delle comunità, permettendo strategie efficaci contro i cambiamenti climatici e la gestione delle emergenze. La promozione della diversità e l'inclusione sono considerati fondamentali per l'innovazione e l'azienda si impegna a valorizzarle con iniziative specifiche per aumentare la presenza femminile e garantire l'accessibilità delle tecnologie.

3.1 Introduzione

Lo spazio è un universo complesso e dinamico, che sprona a spingersi oltre i propri limiti, in cui le attività di ricerca e sviluppo, le tecnologie e l'innovazione, le competenze delle persone e la pluralità di pensiero, l'impatto sociale

R. Luglini (✉)
Leonardo, Roma, Italy
e-mail: raffaella.luglini@leonardo.com

e ambientale delle soluzioni che sviluppiamo hanno e avranno sempre più un ruolo di primissimo piano nel definire il futuro sulla terra e oltre la terra.

In questo senso possiamo davvero considerare lo spazio come un ambiente naturalmente vocato alla sostenibilità: un ambito aperto all'esplorazione, alla cooperazione internazionale da parte delle generazioni attuali e future, nell'interesse del pianeta, in linea con i principi dell'equità e dell'inclusione. la coerenza tra i valori che ci guidano e il nostro modo di fare business.

3.2 Leonardo

Come azienda leader dell'industria Aerospazio, Difesa e Sicurezza, in Leonardo siamo fortemente convinti che spazio e sostenibilità siano due elementi intimamente connessi, e la nostra strategia di business lo dimostra. La sostenibilità rappresenta infatti uno dei fattori abilitanti del nuovo Piano Industriale di Leonardo ed è integrata lungo tutta la catena del valore. Coerentemente, tale approccio si riflette nel nuovo Piano di Sostenibilità quinquennale del Gruppo, che è integrato nel Piano strategico e industriale di Leonardo e mira a raggiungere obiettivi di sostenibilità con oltre 90 progetti dedicati, in cui oltre la metà del budget pianificato è focalizzato sullo sviluppo di prodotti e soluzioni sostenibili, con un ruolo determinante del business Spazio. Con il Piano 2025–2029, Leonardo rafforza il proprio contributo allo sviluppo sostenibile di pianeta e società attraverso tecnologie per la sicurezza globale dei cittadini e delle infrastrutture e per la salvaguardia del clima, quali ad esempio il global monitoring a partire dai servizi in orbita e la space situational awareness. Il futuro e il benessere del nostro Pianeta sono strettamente legati alla sicurezza delle tecnologie "in orbita" il cui contributo si moltiplica grazie all'impiego della Big Data Analysis, dell'Intelligenza Artificiale e delle capacità di calcolo di supercomputer come il davinci-1 di Leonardo.

La sfida dell'uso responsabile dello Spazio per la sostenibilità vede in prima fila l'Italia, poiché siamo tra i pochi Paesi al mondo a disporre di una filiera completa nella Space economy: dalla manifattura, passando per lo sviluppo di nuove applicazioni e la gestione dei servizi satellitari fino ai sistemi di propulsione e lancio. E Leonardo in questo è campione nazionale e leader europeo, grazie al suo business Spazio e alle sue joint venture e controllate Telespazio, e-GEOS, Thales Alenia Space e AVIO.

Le soluzioni di osservazione della Terra del Gruppo svolgono un ruolo chiave nella protezione del pianeta, delle persone e delle comunità in tutto il mondo. L'osservazione e analisi dei dati ricevuti da diverse fonti (tra cui satelliti, droni, e altri sensori di terra e di mare), combinata con l'enorme capacità

Figura 3.1 Costellazione IRIDE. (Credito ThalesAleniaSpace)

tecnologica di integrarli ed elaborarli, ci consentono di sviluppare efficaci strategie di mitigazione e adattamento ai cambiamenti climatici, di proteggere le nostre infrastrutture critiche, il patrimonio artistico e di comprendere gli effetti dell'antropizzazione sul pianeta (Fig. 3.1).

Queste tecnologie diventano cruciali per prevenire e gestire le emergenze, fornendo strumenti preziosi a istituzioni e comunità per prevedere o reagire tempestivamente agli eventi catastrofici, offrendo informazioni dettagliate in tempo reale e predittive a supporto del processo decisionale (Fig. 3.2).

Crescita economica, sviluppo sostenibile, tutela dell'ambiente e sicurezza possono quindi trarre massimo vantaggio dallo Spazio, che vanta tecnologie all'avanguardia e di prestigio internazionale per l'Italia, anche grazie al contributo di Leonardo e di tutto il tessuto di PMI.

3.3 Diversità ed inclusione

Ma lo Spazio è anche un ecosistema privilegiato in cui valorizzare la diversità e promuovere l'inclusione. È un naturale acceleratore su temi quali: diversità culturale, generazionale, di genere, di estrazione e formazione, di provenienza e competenze, sono gli ingredienti dei principali programmi spaziali. Lo Spazio

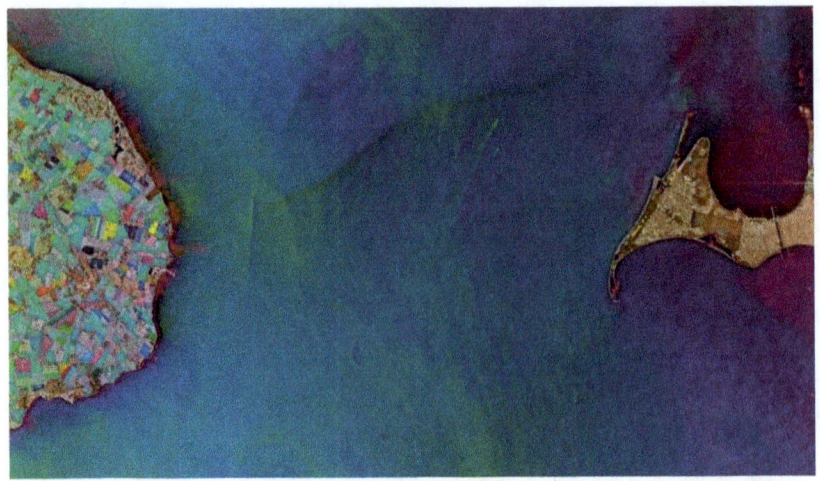

Figura 3.2 Stevns-Klint,-Denmark.-COSMO-SkyMed-Image-©-ASI.-Processed-and-distributed-by-e-GEOS. (Credito: e-GEOS)

può quindi dare un impulso a promuovere la diversità a tutti i livelli nelle organizzazioni e in generale nella società.

Pensando alla diversità generazionale, lo spazio è sicuramente ambito di elezione privilegiato per i nuovi talenti; se consideriamo i driver motivazionali alla base delle scelte professionali dei neolaureati vediamo come il settore spaziale sia considerato un vero 'place to be' per una serie di motivi: l'opportunità di contribuire al progresso e all'innovazione tecnologica, il focus sulla ricerca, la possibilità di intraprendere percorsi professionali di crescita internazionali in un ambito affascinante e ambizioso, come quello dell'esplorazione spaziale.

Non solo giovani talenti però. L'Italia detiene una legacy storica nelle attività spaziali: basti ricordare che nel 2024 è celebrato il 60° Anniversario del lancio del primo satellite italiano, il San Marco 1, grazie al quale l'Italia è stata tra le prime nazioni al mondo a raggiungere lo spazio. Dopo sessant'anni l'Italia è ancora protagonista nella scienza e tecnologia spaziale a livello internazionale, e questo è reso possibile dal patrimonio di competenze di cui istituzioni e industrie sono portatrici. Leonardo accompagna la storia spaziale del nostro Paese fin dagli albori e nella nostra azienda collaborano quattro diverse generazioni, dai boomer alla generazione Z, e questa interazione produce un valore inestimabile in termini di esperienza e innovazione.

La diversità riguarda anche le persone che lavorano per lo sviluppo delle tecnologie e l'uso che si fa delle tecnologie stesse. E questo vale in particolar modo per ambiti altamente tecnologici come quello spaziale. Leonardo,

Figura 3.3 Digital transformation. (Credito: Leonardo)

in qualità di azienda leader nella realizzazione di soluzioni hi-tech, si impegna a considerare gli impatti che le proprie attività di business possono avere sulla promozione della diversità, dell'equità e dell'inclusione, nonché a tenere in conto le necessità di gruppi diversi di persone, ricercando soluzioni che garantiscano accessibilità, e che siano libere da bias di progettazione e programmazione. In questa prospettiva Leonardo è costantemente impegnato a garantire la maggiore eterogeneità possibile nei team (Fig. 3.3).

In questa prospettiva, lo spazio può e deve diventare un catalizzatore per la parità di genere: un tema importante, su cui c'è ancora molta strada da fare. In Leonardo siamo fortemente impegnati in tal senso, ci siamo dati target orientati al rafforzamento del contributo femminile in azienda in termini di inserimenti e di presenza femminile nelle posizioni di leadership e, all'interno del Piano di Sostenibilità, abbiamo avviato un ambizioso piano strategico per promuovere la parità di genere, definito una policy DE&I (Diversity, Equity & Inclusion), creato un a Comitato guida per la parità di genere che coinvolge il top management e introdotto la figura del DE&I manager, con l'obiettivo di avere una governance salda su questi temi.

Dal mio punto di vista professionale, come Chief Sustainability Officer di Leonardo e anche come donna, rimango sempre colpita dalle molteplici competenze delle donne Leonardo che ogni giorno lavorano sviluppando le nostre tecnologie e soluzioni, in particolare in ambito spaziale.

È importante valorizzare il contributo di queste donne, perché, come azienda hi-tech proiettata nel futuro, abbiamo la responsabilità primaria di ispirare le prossime generazioni: quelle che porteranno avanti la staffetta della frontiera tecnologica. Coinvolgere le ragazze e i ragazzi, fin dalle prime fasi del loro percorso educativo, sia nella scuola che nella loro vita quotidiana, orientandoli verso le discipline STEM per superare disuguaglianza educativa e ridurre il digital divide deve essere un obiettivo condiviso dalle industrie primarie del Paese. È necessario garantire loro uguali opportunità – ponendo tutti sulla stessa linea di partenza – ed equità, fissando obiettivi sfidanti ma raggiungibili per tutti.

Tutti questi elementi di diversità e inclusione sono fattori dall'enorme impatto sociale ed elementi imprescindibili per garantire un futuro sostenibile per società, organizzazioni, comunità.

3.4 Conclusioni

L'auspicio per il futuro è quindi che lo spazio, in qualità di ambiente naturalmente vocato alla sostenibilità e all'inclusione, in cui l'ambizione è il motore di crescita, diventi anche il 'place to be' per le donne, affinché riescano a rompere il soffitto di cristallo per arrivare sempre più in alto, guidate dal proprio talento, dal merito e dalle competenze.

E in questo percorso per aspera ad astra, Leonardo continuerà a fare la sua parte.

3 Spazio alla Sostenibilità 31

Raffaella Luglini è Chief Sustainability Officer di Leonardo, il principale gruppo industriale globale che sviluppa capacità tecnologiche nel settore aerospaziale, difesa e sicurezza.

Sotto la sua guida, Leonardo ha ricevuto l'approvazione della Science Based Targets Initiative (SBTi) per i suoi obiettivi di riduzione delle emissioni di gas serra a breve termine.

Raffaella è entrata in Leonardo come Investor Relations Officer, fino ad assumere la responsabilità delle Agenzie di Credito Rating IR e della Sostenibilità.) In questo ruolo è stata responsabile dei rapporti con gli investitori azionari e obbligazionari e con le agenzie di rating del credito, riportando direttamente all'Amministratore Delegato.

Dal 2017 Raffaella è Presidente della Fondazione Ansaldo e dal 2019 al 2022 è stata Direttore Generale della Fondazione Leonardo. Nel luglio 2024 è stata nominata Membro del Consiglio di Sorveglianza di HENSOLDT AG, azienda tedesca nel settore della Difesa con una posizione di leadership in Europa e di portata globale, di cui Leonardo è azionista insieme al governo tedesco.

In precedenza, Raffaella ha lavorato presso ENI come IR Officer, contribuendo alla privatizzazione della compagnia statale Oil&Gas. Un anno dopo ha lavorato presso JP Morgan NYC per conto dell'ENI.

Laureata in Economia e Finanza e MBA. Dottore Commercialista e Revisore Contabile

4

Dalla conoscenza dello spazio profondo alla protezione del nostro pianeta

Annamaria Nassisi

Riassunto Lo spazio è sempre più presente nel nostro quotidiano ed è diventato indispensabile per la comprensione scientifica del nostro universo. Questa panoramica sarà narrata attraverso un viaggio virtuale, partendo dallo spazio profondo fino all'osservazione del nostro pianeta. Esploreremo lo spazio profondo, studiato da secoli da astronomi e astrofisici con potenti telescopi, attraverso sensori avanzati a bordo di satelliti che ci permettono di guardare oltre i confini tradizionali, facilitando la connessione tra il mondo scientifico e quello industriale.

Lo spazio influenzerà sempre più il nostro futuro, sia attraverso tecnologie sfidanti per le nuove missioni verso la Luna e Marte, sia tramite la conoscenza e protezione del nostro pianeta, oltre a supportare una varietà di attività produttive. Nel nostro percorso, la maggior parte delle missioni citate sono state realizzate da Thales Alenia Space, che riveste un ruolo di leadership da anni. Affronteremo anche il tema dell'inquinamento spaziale che sta diventando sempre più impellente e alcune soluzioni energetiche alternative.

Per una crescita occupazionale equa ed inclusiva, la presenza delle donne in queste discipline è sempre più necessaria per l'innovazione e la complementarità che possono apportare, tanto dal punto di vista sociale quanto economico come dimostrato da anni da importanti studi. Analizzeremo il contributo delle donne in questo percorso di emancipazione, proponendole come modelli

---

A. Nassisi (✉)
BLOEN Domain Observation and Navigation Italy, Thales Alenia Space Italia, Roma, Italy
e-mail: annamaria.nassisi@thalesaleniaspace.com

di riferimento per le giovani donne, i genitori e le scuole, al fine di guidare le generazioni future nel loro percorso.

4.1 Introduzione

La mia passione per lo spazio nasce da lontano, da quando ero ancora una bimba di dieci anni. Lo Spazio ha intersecato più volte la mia vita, prima con la Missione Apollo 11 del 1969, poi negli anni ottanta con la Tesi volta a dimostrare la presenza di acqua sul pianeta Venere ed infine da più di 35 anni lavoro nel settore industriale per lo spazio.

Faremo insieme un breve viaggio virtuale partendo dall'osservazione dello spazio profondo e pian piano ci avvicineremo al nostro pianeta Terra per capire, con alcuni semplici esempi, perché lo Spazio contribuisce ad ampliare le nostre conoscenze e vi mostreremo le potenzialità del settore spaziale. Lungo il percorso porremo attenzione sulla vita di alcune donne STEM diventate delle icone sia per la divulgazione scientifica che nel supportare la scelta delle discipline scientifiche.

In questo percorso vedremo anche perché lo Spazio si configura come esempio leader per la Sostenibilità.

4.2 Radici dell'osservazione dell'universo

Quante volte ci siamo trovati in una notte stellata a guardare e a riflettere sull'immenso panorama di stelle e costellazioni? Quante volte ci siamo posti la domanda su cosa ci fosse oltre ciò che vedevamo a occhi nudi? L'esigenza di approfondire queste conoscenze ha sempre guidato i grandi pensatori e scienziati. Le due discipline, Scienza e Filosofia, hanno cercato nel tempo di dare risposte con linguaggi che possono sembrare diversi, ma che in realtà sono spinti dagli stessi interrogativi. Dubbio e intuito hanno governato le prime teorie sul nostro sistema solare e per l'intero universo. Questo perché il dubbio permette di non dare nulla per scontato, ed è motore di ricerca per la comprensione della realtà che ci circonda, mentre l'intuito è la base per originare ipotesi su cui si imposta un'indagine teorica o sperimentale. Gli astronomi interrogandosi sulla conoscenza di ciò che era oltre quanto visibile ad occhio nudo, iniziarono le loro prime osservazioni del cielo con un telescopio interrogandosi sulla formazione del nostro sistema solare e del Cosmo intero. Copernico prima con osservazioni a occhio nudo, e Galileo successivamente con un cannocchiale, entrambe filosofi e scienziati, elaborarono teorie rivoluzionarie per i loro tempi trasformando la visione geocentrica in una eliocentrica sulla base di straordinarie intuizioni. Successivamente Keplero elaborò le sue tre leggi che regolamentano il movimento dei pianeti e ancor oggi in uso per il calcolo e le analisi delle orbite dei satelliti artificiali.

Quale fu il contributo delle donne affascinate dal mondo dell'astronomia e della comprensione di cosa celava quel manto stellato? Ci imbattiamo prima in Hypatia, astronoma, matematica e filosofa che nacque intorno al 370 d.C. ad Alessandria d'Egitto. Donna con una spiccata intelligenza che non si piegò ad un sistema che la voleva sottomessa in quanto donna nella società egiziana e che pagò con la vita la sua libertà di pensiero. Hypatia fu anche la prima divulgatrice scientifica perché credeva che la cultura fosse un bene che appartenesse a tutti, e non soltanto ai pochi privilegiati. Nei giorni nostri troviamo un'altra donna delle stelle, Margherita Hack, fisica ed astronoma nata nel 1922 e di fama internazionale. Anche lei, come Hypatia, donna forte e volitiva, anticonformista, schietta e sempre fuori dagli schemi nel sostenere le sue idee. Ricordo una sua frase emblematica: "non capisco perché mi acclamano tutti, io ho fatto quello che mi piaceva, ed ho lavorato per ottenere quello che volevo". Questo suo carattere volitivo le ha permesso di diventare la prima direttrice donna in Italia di un Osservatorio Astronomico, quello di Trieste. Con il suo famoso sorriso e sarcasmo toscano sfidava il senso comune, diceva "Le persone vere spaventano. Per questo rimangono sole. Perché sono sincere, sono oneste e quando vogliono dire qualcosa, lo dicono nel modo più vero che conoscono".

Queste due donne, oltre ad esser astronome di fama mondiale e di grande valore scientifico, sono accomunate nell'esser donne singolari che sostenevano la libertà di pensiero ed hanno dedicato la loro vita alla divulgazione.

4.3 Osservazione dell'universo da satellite

Addentriamoci ora nello spazio profondo guidati dalla curiosità e dalla voglia di saperne di più. Nonostante i telescopi ad alta tecnologia sparsi sull'intero globo, per vedere le sorgenti celesti lontane milioni di anni luce abbiamo un limite fisico da superare. Da qui è nata l'esigenza di spostare, l'osservazione nello spazio con telescopi a bordo di satelliti. Abbiamo nel tempo sviluppato tanti strumenti ad alte prestazione per scrutare quel buio profondo ed avere un maggiore dettaglio dell'universo che ci circonda.

A questo scopo ricordiamo le prime immagini del cosmo acquisite dal telescopio spaziale Hubble (NASA/ESA) lanciato nel 1990 e posizionato in orbita bassa (LEO) intorno alla terra in modo da avere una posizione più vantaggiosa per scrutare l'universo. Questo rivoluzionario telescopio è stato in grado di acquisire immagini con una risoluzione circa 10 volte migliore rispetto ai telescopi terrestri e nelle bande dell'infrarosso vicino, nel visibile e ultravioletto.

Per andare alla ricerca della materia oscura, ovvero la materia che non assorbe e non emette radiazione elettromagnetica, l'1 luglio 2023 è stato lanciato il satellite Euclid (realizzato per l'ESA da Thales Alenia Space). Euclid avrà il compito di indagare su come il 95% del nostro Cosmo sia costituito da materia oscura ed energia oscura che hanno reso l'Universo come lo vediamo oggi. Nei prossimi sei anni Euclid osserverà le forme, le distanze e i movimenti di miliardi di galassie fino a 10 miliardi di anni luce e creerà la più grande mappa cosmica 3D mai realizzata!

Mappando la distribuzione e le forme di queste galassie, i cosmologi saranno in grado di scoprire come la materia oscura ha modellato l'Universo che vediamo oggi. Nella Fig. 4.1 vediamo le prime immagini incredibilmente nitide del nostro universo che ci mostrano un dettaglio mai raggiunto prima. L'immagine a sinistra mostra 1000 galassie appartenenti al Cluster di Perseo e più di 100.000 galassie aggiuntive sullo sfondo, ognuna contenente fino a centinaia di miliardi di stelle. Nell'immagine a destra, ad una maggiore risoluzione, si possono distinguere oltre 100.000 galassie oltre l'Ammasso di Perseo.

Perseo è una delle strutture più massicce conosciute nell'Universo, situata a 240 milioni di anni luce dalla Terra, e contenente migliaia di galassie, immerse in una vasta nube di gas caldo. Secondo gli astronomi gli ammassi di galassie come Perseo possono essersi formati solo se la materia oscura è presente nell'Universo.

Figura 4.1 Immagini della missione Euclid, Cluster di Perseo. (Credito ESA)

L'intera mappatura del cielo acquisita da Euclid sarà 30.000 volte più grande di questa immagine ed avremo miliardi di galassie fotografate. Queste immagini rappresenteranno una rivoluzione per l'astronomia poiché molte di queste galassie deboli non erano mai state precedentemente viste. È la prima volta che un'immagine da satellite ci ha permesso di catturare così tante galassie di Perseo con un livello di dettaglio così alto. Alcune delle galassie sullo sfondo sono così distanti che la loro luce ha impiegato 10 miliardi di anni per raggiungerci.

Cosa abbiamo imparato? Il satellite ci offre un dettaglio inimmaginabile e ci permette di ampliare ulteriormente la nostra conoscenza dell'universo per avere risposte alle nostre domande. Non mi addentro nel dettaglio perché vi è stato ampiamente dalle mie colleghe illustrato che cos'è una galassia e come evolve. Nel lasciare queste immagini dell'universo, vi cito una meravigliosa frase di Margherita Hack per descrivere le sue sensazioni nell'osservare il manto di stelle da cui siamo partiti: "È così bello fissare il cielo e accorgersi di come non sia altro che un vero e proprio immenso laboratorio di fisica che si srotola sulle nostre teste". Questa frase coglie l'essenza delle sensazioni che provi quando ti immergi in queste immagini che fan librare la mente verso spazi infiniti.

4.4 Il satellite naturale Luna

Nel nostro viaggio virtuale, lasciamo lo spazio profondo per avvicinarci pian piano al nostro satellite naturale: la Luna, a circa 400.000 km di distanza. Questa è solo una distanza media perché, percorrendo un'orbita ellittica intorno alla terra, la sua distanza è variabile e dipende dalla posizione che occupa sull'ellisse rispetto alla Terra.

Ho avuto la fortuna di vedere in diretta nel 1969 il primo passo sulla luna di Neil Armstrong con la telecronaca del famoso giornalista Tito Stagno che fu per me un momento magico e che ha sedimentato in me il fascino del mondo spaziale! Oggi ci apprestiamo a vivere di nuovo questo sogno di valicare il cielo per raggiungere la nostra magica Luna che ha ispirato poeti, filosofi e scienziati. In questo nuovo sogno andiamo per rimanerci e vogliamo costruire degli insediamenti abitativi per viverci. Questo nostro primo insediamento, al di fuori del nostro pianeta, è solo il primo passo in preparazione del futuro obiettivo: posarsi sul suolo del pianeta Marte.

Questo sogno di ritornare sulla Luna per restarci, con la costruzione dei primi insediamenti, è parte del programma ARTEMIS della NASA. La novità di questa nuova avventura sarà la presenza di una donna: l'astronauta Christina Koch (Fig. 4.2) che sarà la prima donna a circumnavigare la Luna nel corso della missione ARTEMIS II.

Figura 4.2 L'astronauta Christina Koch. (Credito NASA)

Figura 4.3 Visione pittorica del paesaggio lunare con le abitazioni. (Credito ESA)

Il Team composto dall'astronauta e dagli altri tre astronauti, suoi compagni di viaggio, compirà prima dei sorvoli intorno alla Luna con la missione ARTEMIS II ad aprile 2026, e con la missione ARTEMIS III, approderanno sul suolo lunare (Fig. 4.3 ne rappresenta una visione pittorica) vicino al Polo Sud della Luna nel 2027. Naturalmente queste date potranno essere soggette a modifiche a causa di slittamenti del programma.

Successivamente, con la missione ARTEMIS IV, è prevista la costruzione della Prima Stazione Spaziale Lunare per l'esplorazione a lungo termine della Luna. Gli astronauti vivranno e lavoreranno nella prima stazione spaziale cislunare, denominata Gateway (Fig. 4.4), che orbiterà intorno alla Luna e che consentirà nuove opportunità per la scienza e la preparazione delle missioni umane sul pianeta Marte. la stazione Gateway offrirà al contempo viste uniche della Terra, della Luna, del Sole e dello spazio profondo per studi scientifici.

Figura 4.4 Rappresentazione artistica del Gateway. (Credito NASA)

Thales Alenia Space, grazie alla sua leadership mondiale nelle infrastrutture orbitali, avendo contribuito con il 50% dei moduli pressurizzati e costruito la famosa Cupola per la ISS, è un partner industriale di primo livello per il Lunar Gateway, una stazione spaziale di 40 tonnellate, per la quale fornirà i moduli pressurizzati ESPRIT e I-HAB all'ESA e il modulo HALO a Northrop Grumman.

4.5 Spazio e sostenibilità

In questi ambienti il termine sostenibilità prende forma in tutta la sua essenza. Quando si pensa ad una futura colonizzazione, essere autosostenibili è vitale affinché l'essere umano riesca a sopravvivere nelle condizioni estreme dell'ambiente lunare. Inoltre va anche considerato che il rifornimento di generi alimentari non potrà essere assicurato costantemente dalla Terra, come sulla Stazione Spaziale Internazionale, per cui si stanno pensando soluzioni sia per la produzione di vegetali freschi, con la realizzazione di serre idroponiche, che per lo smaltimento dei rifiuti alimentari. Studi e soluzioni progettuali sono in corso anche per i moduli abitativi e possibili costruzioni in loco. Nuove architetture pensate per proteggere gli astronauti dalle radiazioni e rendere gradevole la sua permanenza. Lo spazio è diventato sempre più multidisciplinare in quanto, per poter sopravvivere in questo ambiente extra-atmosferico, c'è bisogno dello psicologo, dell'architetto e di tutte quelle discipline necessarie per la sopravvivenza. Questo ha cambiato lo scenario lavorativo dello spazio in cui all'inizio era costituito in modo predominante da ingegneri e matematici.

Non va però dimenticato che tutti gli sforzi per le innovazioni tecnologiche, nate per l'esplorazione spaziale in questi ambienti estremi, hanno prodotto benefici anche sulla Terra e sono entrate nella nostra vita quotidiana. Solo alcuni esempi: il velcro che sostituisce bottoni e chiusure lampo, il goretex delle tute degli astronauti oggi utilizzato per le giacche a vento e scarpe sportive, le leggerissime "coperte termiche" che si possono utilizzare per le escursioni all'aria aperta e nelle emergenze, sia in occasione di disastri naturali che durante le operazioni di primo soccorso ai migranti recuperati in mare, lenti antigraffio e che filtrano la luce blu sviluppate sulla base dei visori dei caschi degli astronauti, e tante altre tecnologie in ambito elettronico che si sono evolute nei microchip dei nostri cellulari, nei trapani senza filo, i pannelli solari. La lista è enorme se siete curiosi potete trovare una lista più lunga sui siti della NASA.

Una domanda che spesso viene posta: abbiamo bisogno dello spazio per sviluppare queste tecnologie? La risposta è sì, perché il genere umano ha bisogno di sfide e di andare oltre per dare il meglio di sé stesso, questo è ciò che avviene nello sperimentare tecnologie e materiali per affrontare un ambiente ostile.

4.6 Il pianeta Marte

Mentre vediamo la Terra dalla Luna come un puntino blu, ci spostiamo ad osservare il pianeta Marte, detto anche il pianeta rosso, ad una distanza media dalla Terra di circa 254 milioni di chilometri. Anche Marte, come tutti i pianeti del sistema solare, percorre un'ellisse intorno al sole. Quindi, la distanza dalla Terra varia tra una distanza minima di 55,7 milioni di chilometri ed una distanza massima di 401 milioni di km, perché dipende dalla posizione che occupano entrambi rispetto al sole. Per poter affrontare un ammartaggio, sono stati condotti più studi, analizzando i dati satellitari delle missioni ESA (con il contributo della nostra agenzia spaziale italiana – ASI) e della NASA, per cercare la presenza dell'acqua, origine della vita e componente necessaria per una futura colonizzazione. Thales Alenia Space Italia ha sviluppato per entrambe le missioni un radar sounder per verificare la possibile esistenza dell'acqua in forma liquida in un pianeta che appare arido e rosso per la presenza di ossido di ferro (ruggine). Questi studi sono durati anni, ed hanno impegnato l'intera comunità scientifica, ma alla fine si è riusciti a dimostrare l'esistenza di laghi sotterranei. Ci si è quindi interrogati sull'evoluzione di questo pianeta che lo ha portato nello stato in cui lo vediamo oggi. Tutti gli studi sollevano la questione fondamentale se la vita possa ancora esistere sul pianeta rosso. Questo perché la vita, così come la conosciamo sulla Terra, va di pari passo con la presenza di acqua allo stato liquido. Ma non ci siamo fermati alla sola osservazione da satellite e siamo ritornati con una missione NASA che ha permesso di portare sulla superficie marziana un rover, robot per raccogliere una preziosa collezione di rocce da riportare sulla Terra e capire la natura dello strato superficiale. Gli scienziati ipotizzano un florido passato del pianeta sulla base dei rilevamenti eseguiti dai rover e dalle osservazioni delle sonde orbitanti che osservano il pianeta dall'alto. Miliardi di anni fa, probabilmente, il pianeta rosso presentava un'atmosfera più spessa, che lo rendeva più caldo e umido. Quindi potenzialmente più favorevole alla vita. Naturalmente gli studi e le nuove missioni vanno avanti per poter capire la fisica di questo pianeta e portare il genere umano a toccare la sua superficie. L'obiettivo è di creare le condizioni di sopravvivenza per continuare studi in loco. Non sarà facile, ci vorrà molto tempo ma capire le storie dei pianeti del nostro sistema solare ci permetterà di capire meglio le dinamiche e l'evoluzione della Terra.

4.7 La Stazione Spaziale Internazionale

Nel nostro viaggio virtuale, avvicinandoci alla Terra, incontriamo la Stazione Spaziale Internazionale (ISS) a 400 km dalla superficie terrestre. La stazione spaziale è la infrastruttura spaziale di più immediata comprensione perché a noi più vicina. Siamo ormai abituati da tempo a vederla in televisione perché abitata dagli astronauti.

La prima astronauta italiana, e successivamente prima comandante italiana nel 2022, è stata Samantha Cristoforetti. Qui di seguito una sua foto (Fig. 4.5) che fotografa la Terra da un gioiello della tecnologia realizzata da Thales Alenia Space Italia per la stazione spaziale, denominata Cupola, insieme al 50% dei moduli pressurizzati. La cupola rappresenta la finestra della ISS per vedere fuori dalla stazione spaziale anche dall'interno, è stata una rivoluzione per i suoi abitanti!

Figura 4.5 Samantha Cristoforetti e la Cupola. (Credito ESA)

Prima della realizzazione della Cupola, gli astronauti erano continuamente chiusi all'interno dell'ISS e non potevano vedere il passaggio luce – buio che a quelle latitudini sono velocissimi. Non impiegano le nostre 12 ore, per passare dal giorno alla notte, ma orbitando intorno alla Terra hanno un ciclo di giorno e notte ogni 90 minuti, con circa 45 minuti di luce (giorno) e 45 minuti di buio (notte). Questo ciclo si verifica perché la ISS attraversa l'ombra della Terra e poi esce di nuovo alla luce del Sole durante ciascuna orbita. Quindi, in un periodo di 24 ore, gli astronauti sulla ISS vedono il sorgere e il tramontare del Sole circa 16 volte! La Cupola ha anche permesso di fare molte fotografie del nostro pianeta.

4.8 Astrosamanda e le Women in Aerospace Europe

"AstroSamantha", come viene generalmente chiamata, è stata una role model per molte ragazze incentivando un aumento delle matricole aerospaziali. Nel 2010, premiata come donna leader con il "Premio Casato Prime Donna", ha devoluto il premio di 2000 euro al WIA-Europe Mentoring Programme a supporto della crescita delle giovani donne STEM. Dopo la realizzazione della Bambola Barbie Astronauta, grazie alla partnership tra l'ESA e la Mattel, nel 2019 ha finanziato il premio WIA-Europe di 5000 euro dedicato a un progetto che ispiri le giovani generazioni a scoprire le entusiasmanti possibilità del settore spaziale. Il premio è stato assegnato a Clara Moriceau con il progetto PADAWANS. L'obiettivo del progetto è di coinvolgere insegnanti e genitori, per incoraggiare l'interesse per le professioni legate allo spazio e presentando ai bambini modelli di ruolo femminili attraverso una serie di eventi per bambini delle scuole di tutta Europa.

L'ultima foto a destra rappresenta ciò che vogliamo vedere nello spazio: una moltitudine di donne, di diversa provenienza geografica e culturale, che contribuiscono alla costruzione del nostro futuro per una civiltà moderna (Fig. 4.6).

Figura 4.6 Samantha Cristoforetti a Barbie astronauta, Clara Moriceau e donne sulla ISS. (Credito ESA, WIA Europe and NASA rispettivamente)

4.9 Il pianeta Terra e tecnologie di Osservazione da Satellite

Siamo all'ultima tappa del nostro viaggio virtuale e osserviamo il nostro pianeta Terra, prima come un puntino blu e pian piano riusciamo a vedere sempre più dettagli grazie alla evoluzione delle prestazioni degli strumenti a bordo dei satelliti.

Faccio una premessa per una migliore comprensione del tipo di sensore che si utilizza per osservare la Terra:

- Un sensore è detto passivo quando la zona da acquisire viene illuminata dal sole e noi ne misuriamo il segnale di riflessione che viene decodificato in immagine digitale. Questi strumenti operano nello spettro del visibile, ovvero emulano il comportamento del nostro occhio, come la macchina fotografica, ed operano sulle stesse frequenze con le quali funziona il nostro occhio per acquisire un'immagine.
- Un sensore è detto attivo quando la zona da acquisire viene illuminata da un impulso elettromagnetico nello spettro delle microonde e ne misuriamo l'eco di ritorno. Per capire cosa significa possiamo fare l'analogia con il raggio riflesso dalla luce incidente, ma in questo caso acquisiamo il segnale in forma analogica ed è necessaria una elaborazione matematica, trasformata di Fourier, per poter elaborare successivamente l'immagine digitale. Il vantaggio di questi sensori è che sono indipendenti dalle condizioni meteorologiche (per esempio quando c'è presenza di nubi) e dalle condizioni di luce giorno/notte perché, illuminando la zona da acquisire con una propria sorgente, non è sottoposto alla limitazione della presenza di luce. Le immagini acquisite sono meno belle ma hanno un contenuto informativo molto più alto, perché possiamo trarre tantissime informazioni dal segnale di ritorno facendo ausilio alla matematica e ad operazioni di filtraggio.

Cosa possiamo acquisire con questi sensori? Vediamo di seguito i vari tipi di immagini che si possono acquisire a diverse risoluzioni.

Per esempio in Fig. 4.7 si vede l'immagine dell'Italia con tante nuvole perché siamo nella frequenza del visibile. Nella foto notturna a destra vediamo invece chiaramente l'inquinamento luminoso prodotto dalle città, con tantissime luci sparse sull'intero territorio, e di cui si lamentano gli astronomi nelle notti di osservazione del cielo.

Per farvi capire la differenza di un'immagine acquisita con strumenti radar, prendiamo ad esempio l'immagine radar acquisita dalla costellazione nazionale COSMO SkyMed durante l'incidente della Costa Concordia nel 2012.

Figura 4.7 La Terra e diurno/notturno dell'Italia vista da satellite. (Credito ESA)

Questa costellazione di osservazione della terra ha fornito alla Protezione Civile il supporto necessario per i dettagli della nave, e su come era posizionata rispetto alla costa, per tutte le attività di salvataggio nella zona dell'incidente. Successivamente è stata di supporto anche per una valutazione della stabilità della nave con l'ausilio di immagini interferometriche. Come si può vedere dalle immagini di Fig. 4.8, le immagini acquisite dalla costellazione radar ha permesso di avere immagini senza il limite della copertura nuvolosa che invece disturba le immagini ottiche di DigitalGlobe a destra.

Il monitoraggio da satellite gioca un ruolo cruciale anche nello studio dei cambiamenti climatici, fornendo dati dettagliati e globali sull'ambiente terrestre. Circa il 60% delle informazioni necessarie per l'elaborazione della modellistica sono fornite dagli strumenti a bordo dei satelliti. Per esempio è possibile monitorare la temperatura della superficie terrestre e degli oceani, la radiazione emessa dalla Terra, e tanti altri parametri.

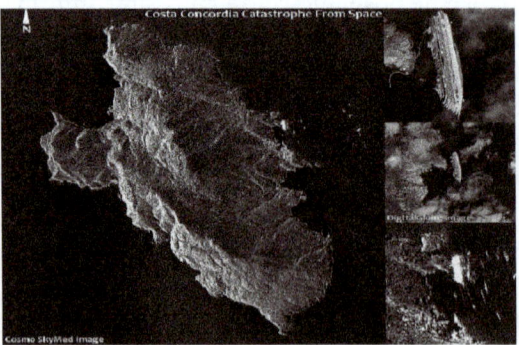

Figura 4.8 Immagine della costellazione COSMO SkyMed del disastro Costa Concordia nel 2012. (Credito eGEOS)

4 Viaggio dallo spazio profondo alla protezione del nostro pianeta

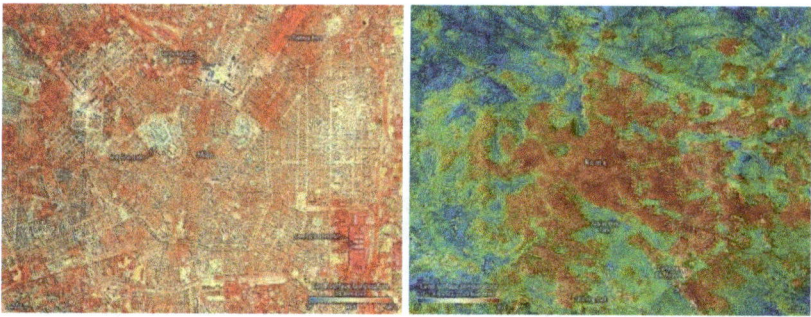

Figura 4.9 Immagini Copernicus delle temperature di Milano e Roma. (Credito ESA)

Vediamo un esempio su cosa accade nelle grandi città per l'aumento della temperatura, nella Fig. 4.9 è illustrato il fenomeno con l'acquisizione da parte delle sentinelle della costellazione COPERNICUS nei casi di Milano e di Roma. Il colore rosso evidenzia chiaramente come incide la presenza del verde in una città.

Ne deduciamo che dove c'è una maggiore presenza del cemento, a causa della estesa urbanizzazione, la temperatura si innalza in modo diffuso come nel caso di Milano, mentre per Roma la temperatura alta si concentra principalmente nel centro storico, grazie alla presenza di grandi parchi. Queste immagini sono state riportate come esempio degli effetti delle variazioni climatiche in tanti articoli scientifici.

Naturalmente questo è solo un esempio ma sono tante le attività di monitoraggio che si possono effettuare grazie alla copertura globale e ai dati acquisiti con l'osservazione da satellite. Le principali fonti sono: misurazione del livello del mare, monitoraggio dei ghiacciai e delle calotte polari, osservazione delle precipitazioni, analisi della vegetazione e monitoraggio dell'evoluzione dell'effetto del gas serra. La maggior parte dei dati per le variazioni climatiche sono acquisite dalla costellazione COPERNICUS.

COPERNICUS è la costellazione europea multisensore (dalle microonde al visibile e all'infrarosso) realizzata per tracciare le evoluzioni e lo stato di salute del nostro pianeta.

Ho seguito l'iniziativa GMES (Global Monitoring and Security) della comunità europea, come si chiamava originariamente, dalla fine degli anni '90 avente come obiettivo la fornitura di servizi per il monitoraggio e la sicurezza ambientale. La comunità scientifica e gli enti pubblici alimentarono l'esigenza di avere una infrastruttura satellitare che desse continuità, e garantisse l'evoluzione tecnologica, dei satelliti europei ERS 1/2 ed Envisat con le prime 6 sentinelle della costellazione GMES denominata in seguito COPERNICUS.

Oggi la costellazione è stata estesa con una nuova generazione per avere sempre più informazioni ed allargare i casi di studio dello stato di salute del nostro pianeta per il monitoraggio dell'ambiente, la gestione delle emergenze, il monitoraggio dei mari, il monitoraggio dell'atmosfera, i cambiamenti climatici e la Sicurezza. Questi satelliti operano su base routinaria e in collaborazione con i sistemi nazionali. L'Italia collabora con la costellazione nazionale e duale COSMO SkyMed composta da quattro satelliti radar di circa due tonnellate per fornire altissime prestazioni, che potremmo definire la Ferrari dello spazio.

Nel 2026 l'Italia parteciperà anche con la nuova costellazione nazionale IRIDE composta composto da 36 satelliti di vario tipo e dimensione che combinano sensori SAR, ottici, pancromatici, iperspettrali e infrarossi. IRIDE ha l'obiettivo di aumentare la risoluzione temporale, ovvero la capacità di avere l'acquisizione di una stessa zona della Terra con una maggiore frequenza e in modo complementare agli altri sistemi citati. Questa caratteristiche è particolarmente importante per quelle applicazioni in cui serve seguire l'evoluzione in tempi stretti.

4.10 Come è fatto un satellite artificiale?

Ci chiediamo ora come è fatto fisicamente un satellite artificiale e per capirlo anche dal punto di vista visivo, nella immagine di Fig. 4.10 potete vedere un satellite avvolto nella sua coperta termica per proteggerlo dalle notevoli escursioni termiche, che si hanno nello spazio (da 300–180 °C) in corrispondenza alla esposizione o meno ai raggi solari. I pannelli solari servono a generare energia elettrica per complementare il carburante a bordo del satellite e poter effettuare le varie operazioni necessarie, incluso il controllo della stabilità del satellite per far lavorare correttamente gli strumenti.

Per poter imbarcare il satellite sul lanciatore è necessario che i pannelli solari siano in una configurazione impacchetta come si può vedere nell'immagine successiva. Una volta raggiunta la quota assegnata con il lanciatore (ultima

Figura 4.10 Copernicus Sentinel1 nelle sale di integrazione e lanciatore VEGA. (Credito Thales Alenia Space Italia)

Figura 4.11 Antenna SAR di Sentinel1. (Credito Thales Alenia Space Italia)

immagine a destra del lanciatore VEGA) parte la prima fase operativa, denominata di commissioning, in cui vengono prima dispiegati i pannelli solari e poi controllate tutte le funzionalità operative del satellite.

Nel caso di un satellite SAR (Synthetic Aperture Radar, Fig. 4.11) il cuore pulsante del satellite è la sua antenna che ha il duplice ruolo: inviare l'impulso verso la Terra ed acquisire il suo eco di ritorno. L'antenna è costituita da tanti piccoli moduli denominati Tile, come visibile nella immagine.

L'uso dei Tile in un'antenna SAR consente di mantenere prestazioni elevate, in termini di risoluzione spaziale, riducendo le dimensioni fisiche dell'antenna grazie alla combinazione di segnali da diversi moduli e alla sintesi dell'apertura radar. Ogni modulo (Tile) è in grado di trasmettere e ricevere segnali radar. Ciascun Tile può essere parte di un sistema di antenna phased array, dove ogni modulo è dotato di elementi di trasmissione e ricezione con controllo indipendente della fase.

4.11 Spazio e trasformazione digitale

Finito questo nostro viaggio, vediamo cosa succede sulla terra durante questo periodo di trasformazione, denominata trasformazione digitale, che sta impattando le varie parti della catena di produzione e che permette la realizzazione di modelli digitali. In Thales Alenia Spazio Italia stiamo realizzando una Smart Factory con un alto livello di automazione per le fasi di integrazione e test dei satelliti di varie dimensioni.

Avete sentito da tempo parlare di Intelligenza Artificiale come una delle nuove tecnologie che trasformerà il nostro mondo. In realtà se ne è iniziato a parlare dalla fine degli anni '50 ed anch'io l'ho usata per la modellistica per l'analisi delle frane a gravitazione profonda verso la fine degli anni '90. Ma

Figura 4.12 Immagine pittorica del mondo digitale. (Credito Thales Alenia Space Italia)

Figura 4.13 Digital Twin della terra (come mostrato in Fig. 4.12). (Credito ESA)

cos'è cambiato e perché oggi è così utilizzata? Oggi grazie alla grande mole di dati disponibile, denominati BIG DATA, le elevate capacità di calcolo dei nuovi computer e l'elaborazione di nuovi algoritmi, siamo riusciti ad avere quell'avanzamento tecnologico che ci permette di realizzare processi digitali impensabili fino ad una decina di anni fa.

In questo mondo in continua trasformazione, la presenza delle donne è ancora scarsa. Questo è un fattore critico perché quello che otterremo dai risultati dipenderà da chi scriverà gli algoritmi, quindi avere una diversità di genere è fondamentale se vogliamo realizzare quel principio di equità che dia ad ognuno le stesse opportunità tenendo presente le diversità di ognuno.

Cosa significa avere un modello digitale? Nel settore spaziale stiamo lavorando per realizzare un modello digitale della Terra e denominato per questo Digital Twin (Fig. 4.13 Gemello della Terra). Questo modello ci permetterà di capire cosa può succedere al nostro pianeta se non facciamo tutta una serie di azioni di mitigazione.

Per darvi un esempio pratico più vicino alla vostra quotidianità, questi modelli digitali si usano anche in medicina realizzando il gemello dell'organo del paziente, sul quale il chirurgo può lavorare in una fase di addestramento e, durante l'intervento, può indirizzare la mano del chirurgo con un dettaglio impensabile fino a pochi anni fa.

4.12 Ambiente, Spazio ed Energie Alternative

In un'epoca in cui le sfide ambientali stanno assumendo proporzioni sempre più gravi, è fondamentale comprendere il ruolo cruciale che il settore spaziale può svolgere nella nostra lotta per un futuro sostenibile.

Il satellite contribuisce sia come supporto per attività di monitoraggio dell'energia alternativa (eolico e solare) che con il programma Solaris di ESA per una produzione di energia dallo spazio attualmente in fase di studio (vedi Fig. 4.14).

Thales Alenia Space sta partecipando a questo studio per realizzare un sistema di pannelli solari (centrali solari) dispiegati a 36.000 km dalla superficie terrestre, in un'orbita geostazionaria. In questo modo, i pannelli solari sarebbero esposti al Sole quasi tutto il giorno, producendo energia in modo costante, tranne per pochi giorni all'anno durante gli equinozi, a causa dell'ombra conica della Terra. Un'impresa ambiziosa che porterebbe grandi benefici! Ci sono comunque tante difficoltà da superare e vedremo se sarà possibile a realizzare questo progetto spettacolare!

 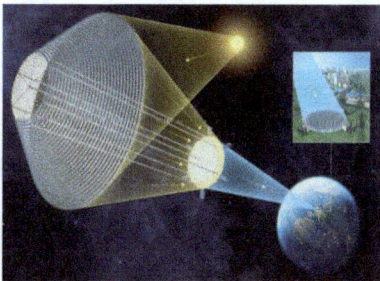

Figura 4.14 Energie alternative (Pale eoliche, pannelli solari) e studio Solaris. (Credito Thales Alenia Space)

4.13 Spazio e inquinamento

Per capire cosa sta succedendo nello spazio extra-atmosferico intorno al nostro pianeta Terra, mettendone a rischio l'uso sostenibile, parliamo di inquinamento. L'inquinamento terrestre e l'inquinamento spaziale (Fig. 4.15), pur essendo fenomeni diversi, condividono similitudini in termini di cause, impatti e necessità di gestione.

Entrambi i tipi di inquinamento sono principalmente causati dalle attività umane e gli impatti sono estesi e possono influenzare molteplici aspetti, dall'ambiente alla sicurezza, fino all'economia.

Nello spazio esistono tanti detriti di varie grandezze dovuti alle parti dei lanciatori o ai satelliti stessi non più operativi che si sono accumulati negli anni. Anche i detriti più piccoli diventano pericolosi perché viaggiano a velocità molto elevate e possono causare danni catastrofici in caso di collisione. I detriti, o debris, formano una nube densa intorno alla Terra, come si vede dalla Fig. 4.15, rappresentano una minaccia per le missioni spaziali future e per la sicurezza degli astronauti.

Siamo riusciti a produrre nello spazio lo stesso inquinamento prodotto sulla terra e nei mari, senza imparare nulla dalla storia. Inoltre alcune parti, non riuscendosi a disintegrarsi totalmente durante il rientro in atmosfera, a causa della forza d'attrito, le troviamo sul suolo terrestre o nei mari come si può vedere dalle immagini di Fig. 4.16.

Alcuni detriti sono estremamente pericolosi, come nel caso delle taniche che possono contenere residui di carburante (idrazina) molto tossici. Sono

Figura 4.15 Versione pittorica dei detriti (Debris) presenti nello Spazio nell'orbita circumsterrestre. (Credito ESA)

4 Viaggio dallo spazio profondo alla protezione del nostro pianeta 51

Figura 4.16 Debris spaziali sulla Terra (Credito: https://www.standard.net/lifestyle/2012/jan/25/more-space-debris-falling-to-earth/) e Oceani. (Credito https://www.oceanvisionlegal.com/post/space-cemetery-protecting-the-pacific-ocean-from-space-debris)

quindi essenziali attività di monitoraggio e tracciamento, ma bisogna anche implementare azioni di mitigation.

Per mitigare il rischio ambientale che può esser causato dalla tanica, si esegue una strategia di de-orbiting del satellite a fine vita per il rientro in atmosfera in modo controllato (e non dopo i 25 anni di fine vita come richiesto da raccomandazioni internazionali). Per esempio, il primo passo della strategia che abbiamo implementato per il disposal di uno dei nostri satelliti della costellazione COSMO SkyMed, è stata quella di eseguire opportune manovre per la messa in sicurezza della tanica e scaricare il propellente rimasto nella tanica in modo da minimizzazione la pressione interna.

Non sempre però è possibile eseguire queste manovre, come nel caso in cui un satellite non più operativo è esso stesso un debris. Per esempio sono state sviluppate nuove tecnologie per la rimozione attiva dei satelliti non più operativi. Nel caso di satelliti vicino a fine vita, ma ancora operativi e con la strumentazione funzionante, si stanno sviluppando tecnologie per la estensione della vita dei satelliti con tecniche di re-fueling.

Altro approccio è quello di lavorare da oggi sulla progettazione eco-sostenibile dei satelliti per minimizzare l'impatto ambientale.

In conclusione, l'inquinamento terrestre e spaziale rappresentano sfide significative per l'umanità. Entrambi richiedono strategie efficaci di gestione dei rifiuti, innovazioni tecnologiche e una cooperazione globale per ridurre gli impatti e promuovere un futuro sostenibile sia sulla Terra che nello spazio.

4.14 Conclusioni

Chiudo questo viaggio virtuale sperando di aver attratto la vostra attenzione sulle innumerevoli capacità delle tecnologie spaziali e ricordandovi l'importanza di salvaguardare sia l'ambiente spaziale che quello terrestre, e vi lascio con la celebre frase detta dell'ex segretario generale delle Nazioni Unite, Ban Ki-moon, durante la conferenza sul cambiamento climatico COP21 di Parigi nel 2015:

"Non c'è un piano B perché non c'è un pianeta B"

Con la quale ha voluto sottolineare l'urgenza di affrontare il cambiamento climatico e l'importanza di prendersi cura dell'unico pianeta che abbiamo.

Questa frase continua a essere un simbolo della mobilitazione globale per l'ambiente, soprattutto nei movimenti giovanili come Fridays for Future, ispirati da attivisti come Greta Thunberg.

Annamaria Nassisi Manager per "Space Economy Observation and Navigation". Laurea magistrale in Fisica e Geofisica presso l'Università "La Sapienza" di Roma con una tesi volta a dimostrare la presenza d'acqua sul pianeta Venere. Dopo la laurea, ha proseguito i suoi studi come collaboratore tecnico/scientifico per lo studio di modelli termodinamici. Successivamente per tre anni ha lavorato in una società di software e dall'89 lavora nel settore spaziale. Negli anni ha svolto diversi ruoli in ingegneria, management, strategia e marketing.

È inoltre autrice di molteplici pubblicazioni tecnico-scientifiche. Nella didattica ha svolto attività di libera docenza per il Master Internazionale (Italia-Kenya) in Space

Mission Design and Management, e svolge il ruolo d tutor per giovani laureati in Scienze Politiche, Economiche e Giuridiche.

Da sempre si dedica con passione ai diritti delle donne e partecipa attivamente ad associazioni per l'empowerment delle donne. Nel 2018 è stata insignita con il premio "Leader" dall'associazione FIDAPA BPW (Business Professional Women) Italy, di cui è attualmente socia, nel 2022 è stata insignita con la Stella al Merito del Lavoro. Le sono inoltre stati assegnati i seguenti premi e riconoscimenti: premio Eccellenza da parte del Rotary di Lucera (paese di origine), Unstoppable Women, InspiringFifty2024.

5

In viaggio con comete e asteroidi per scoprire il passato ed esplorare il futuro

Monica Lazzarin

Riassunto Nella relazione qui sotto riportata e presentata al convegno "Donne tra le Stelle", ho cercato di evidenziare l'importanza dello studio dei piccoli corpi del sistema Solare, comete e asteroidi, che sono l'argomento della ricerca che svolgo presso l'Università di Padova da quasi trent'anni e che insegno anche (Astrofisica del Sistema Solare) nel Corso di Laurea in Astronomia. Questi oggetti infatti, testimoni incontaminati delle fasi primordiali della formazione del Sistema Solare, ci permettono di esplorare l'origine e l'evoluzione del nostro sistema planetario e allo stesso tempo ci interessa conoscerli perché possono rappresentare ancora un pericolo per il nostro pianeta nel caso di un impatto. Per questo infatti è nata una cooperazione internazionale per la difesa planetaria tra NASA ed ESA che ha già dato i primi frutti con la missione DART, che ha deviato l'orbita di un piccolo asteroide, e fra poco la missione europea HERA andrà a studiarne in dettaglio gli effetti. Ma molte altre missioni ad asteroidi e comete sono in programma per il prossimo futuro e molte saranno le opportunità per ricercatori e ricercatrici di varie discipline scientifiche dato che ormai l'interdisciplinarietà è la parola d'ordine nel mondo della ricerca astronomica e spaziale.

M. Lazzarin (✉)
Department of Physics and Astronomy, University of Padua, Padova, Italy
e-mail: monica.lazzarin@unipd.it

© The Author(s), under exclusive license to Springer Nature Switzerland AG 2025
P. Caraveo, A. Nassisi (Curatori), *Donne fra le stelle*,
https://doi.org/10.1007/978-3-031-83823-1_5

5.1 Introduzione

La mia passione per comete e asteroidi nasce durante la mia tesi di laurea e poi nel tempo è sempre cresciuta fino ad essere oggi l'argomento principale della mia ricerca, ed è anche l'argomento principale del corso di Astrofisica del Sistema Solare che ho ideato e di cui sono titolare da molti anni nel Corso di Laurea in Astronomia all'Università di Padova.

5.2 Sistema Solare e Asteroidi

Relativamente al Sistema Solare, spesso siamo abituati a sentir parlare di pianeti, di satelliti ecc., però ci sono miliardi di altri piccoli oggetti, che sono essenzialmente comete e asteroidi, e che spesso vengono chiamati i corpi minori del Sistema Solare, un termine che potrebbe dar loro un po' una connotazione negativa, come se fossero poco importanti. In realtà di minore questi oggetti hanno soltanto le dimensioni che vanno da qualche metro a qualche chilometro (Fig. 5.1).

Figura 5.1 Alcuni piccoli corpi: comete e asteroidi. (Credito: NASA, ESA e JAXA)

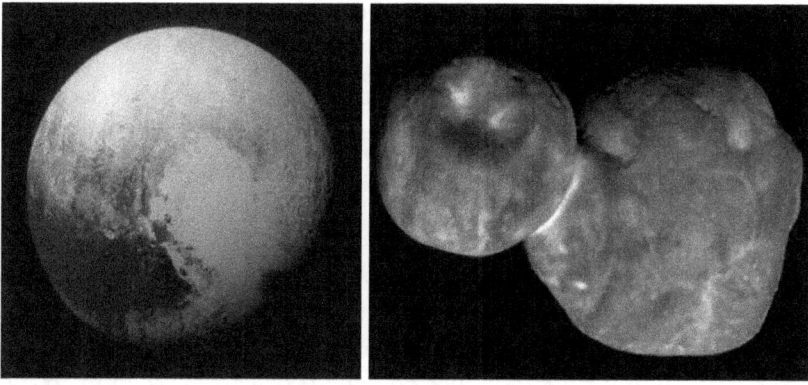

Figura 5.2 Plutone e Arrokoth osservati dalla sonda della missione New Horizon. (Credito: NASA)

Li troviamo un po' in tutto il Sistema Solare, ma ci sono tre concentrazioni principali. Una prima concentrazione, che si chiama fascia principale, tra i pianeti interni rocciosi e i pianeti esterni gassosi, dove si trovano soprattutto asteroidi di tipo roccioso, senza attività. Andando più lontani, oltre l'orbita di Nettuno, che è l'ultimo pianeta, quindi a circa 6 miliardi di chilometri dal Sole, si trova una regione scoperta negli anni 90, che si chiama la fascia di Kuiper, dove ci sono oggetti di varie dimensioni, che sono costituiti da rocce, ma anche da tanti ghiacci.

Un esempio è Plutone, che ormai non è più considerato un pianeta, ma un pianeta nano, e fa parte proprio di questa famiglia dei Transnettuniani od oggetti della Kuiper Belt. E appartiene alla stessa fascia anche un altro oggetto molto più piccolo, che si chiama Arrokoth, che è stato visitato dopo Plutone un po' di anni fa, da una missione della NASA, la New Horizon (Fig. 5.2).

Andando ancora più lontano, tra circa 8 mila miliardi di chilometri dal Sole, fino a circa 15 mila, troviamo una enorme sfera, detta Nube di Oort, che è riempita da miliardi di comete, forse mille miliardi di comete, che sono appunto oggetti di varie dimensioni, anche in questo caso costituite da rocce e ghiacci, ma anche tante molecole organiche.

Ogni tanto qualcuna di queste comete esce da questa regione, ed entra nel sistema solare più interno, arrivando vicino al Sole.

5.3 Near Earth Asteroids (NEO)

Tornando vicino alla Terra, troviamo oggetti estremamente interessanti: i Near Earth Asteroids (NEO). Hanno delle orbite che si avvicinano a quella terrestre, una parte di essi la intersecano e alcuni ne orbitano anche all'interno. Finora ne conosciamo un numero limitato, circa 30.000, sono stati ultimamente l'oggetto di molte missioni spaziali.

Asteroidi e comete li studiamo sia dallo spazio con le varie missioni ad essi dedicate, sia da Terra con i telescopi, equipaggiati con varie strumentazioni a seconda di quello che vogliamo investigare, ad esempio io mi occupo di spettroscopia, quindi utilizzo la luce che questi oggetti mandano a Terra nel visibile e nel vicino infrarosso per studiarne essenzialmente la composizione.

In Fig. 5.3 sono riportati alcuni osservatori, tra i più importanti al mondo, che si trovano in Cile presso l'European Southern Observatory, poi il Telesco-

Figura 5.3 Sopra telescopi sul Mauna Kea, Hawaii, sotto panorama La Silla (ESO-Cile) e immagine del TNG, Canarie

Figura 5.4 Sullo sfondo il complesso dei telescopi presenti sul Roche de Los Muchacos a La Palma, Canarie, tra cui il Telescopio Nazionale Galileo

pio Nazionale Galileo, che si trova alle isole Canarie, e i telescopi presenti sul vulcano Mauna Kea, che è l'osservatorio delle Hawaii.

Ho avuto l'opportunità di frequentare tutti questi osservatori per le mie osservazioni (Fig. 5.4).

Quando osserviamo con i telescopi terrestri gli asteroidi, li vediamo come dei puntini che si muovono tra le stelle. Con l'avvento delle missioni spaziali, quindi circa dagli anni 90, abbiamo ottenuto molte informazioni nuove, in particolare siamo riusciti a risolverli, quindi a studiarne tutte le caratteristiche impossibili da investigare da Terra.

In Fig. 5.5 sono riportati alcuni degli asteroidi incontrati da sonde spaziali: Gaspra fu il primo, incontrato dalla sonda Galileo (NASA) e poi Lutetia da

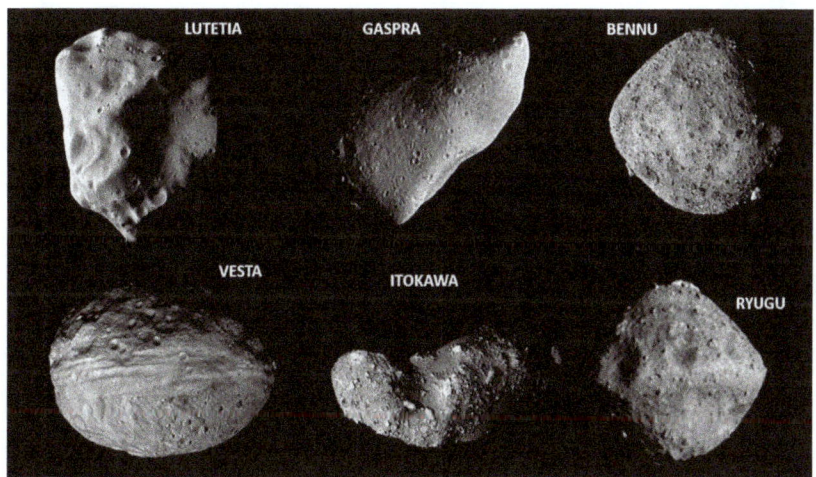

Figura 5.5 Alcuni asteroidi incontrati da sonde spaziali. (vedi testo, Credito: NASA, ESA, JAXA)

Rosetta (ESA), Vesta dalla missione Dawn (NASA), Itokawa dalla missione Hayabusa (JAXA), Bennu dalla Osiris-Rex (NASA) e Ryugu dalla Hayabusa2 (Jaxa).

Questi ultimi due asteroidi sono stati osservati a lungo, per più di un anno e le due sonde hanno anche riportato a Terra dei contenitori con materiale prelevato dalla loro superficie.

Nella Fig. 5.5 gli oggetti non sono in scala, Vesta ha un diametro di circa 500 km, Itokawa qualche centinaio di metri, come anche Bennu e Ryugu. Lutetia ha un diametro di circa 100 km. Hanno dimensioni molto varie, così come le loro forme.

5.4 Le comete

A differenza degli asteroidi, le comete, quando arrivano vicino al sole, sono indubbiamente molto più spettacolari (Fig. 5.6), hanno strutture complesse dovute alla sublimazione dei ghiacci che contengono sulla loro superficie, con enormi chiome e code anche di milioni di chilometri.

A volte le vediamo anche a occhio nudo, ma nemmeno osservandole con i telescopi terrestri si riesce a vedere il nucleo, nascosto completamente dalla chioma.

Una svolta nelle conoscenze di questi oggetti è avvenuta con l'inizio della loro esplorazione dallo spazio, iniziata ormai quasi 40 anni fa. A partire dagli an-

Figura 5.6 Alcune comete con chioma e code formate

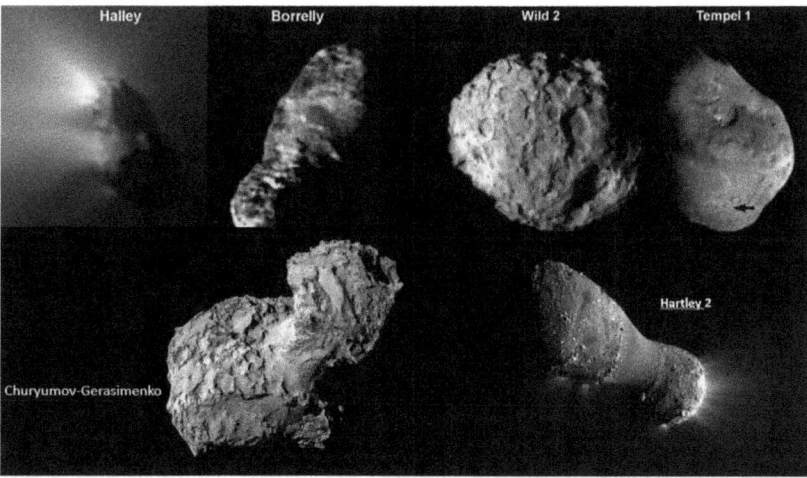

Figura 5.7 Le sei comete visitate finora da missioni spaziali. (Credito: ESA, NASA)

ni 80 abbiamo avuto varie missioni che ci hanno permesso di studiare da vicino questi nuclei cometari. In Fig. 5.7 sono riportate le sei comete visitate finora da missioni spaziali, a partire dalla Giotto (ESA) nel 1986 (cometa Halley), che ci ha permesso di vedere un nucleo cometario per la prima volta, fino alla storica missione Rosetta (ESA) del 2014 (cometa Churyumov-Gerasimenko).

La scoperta più sorprendente con la missione Giotto è stata osservare che il nucleo non era una palla di neve come da sempre ipotizzato, ma un oggetto molto roccioso solo parzialmente attivo, piccolo e molto scuro perché costituito da materiale organico, basato sul carbonio.

5.5 La missione Rosetta e lo strumento OSIRIS

Trent'anni dopo, ancora una missione europea farà di nuovo una rivoluzione nelle conoscenze cometarie: la missione Rosetta, alla quale questa volta ho avuto l'opportunità di partecipare come Co-investigator della camera OSIRIS che abbiamo per buona parte costruito all'Università di Padova. Questa missione ha permesso non soltanto di avvicinare una cometa, ma anche di inseguirla per due anni lungo la sua orbita, quindi osservare tutti i cambiamenti che ci sono stati nel corso dell'avvicinamento al Sole. Inoltre è stato depositato sulla superficie un piccolo lander, Philae, che ha contribuito ancor più ad avere informazioni su questo oggetto.

Figura 5.8 Team della camera Osiris e gli istituti europei partecipanti

La camera OSIRIS della Missione Rosetta, gestita da un team europeo di cui abbiamo fatto parte (Fig. 5.8), ha permesso di ottenere tutte le bellissime immagini che abbiamo visto della cometa di cui qualche esempio è riportato in Fig. 5.9.

Rosetta è quella che si chiama "la missione di una vita" perché, effettivamente, almeno nel mio caso, mentre muovevo i primi passi nella ricerca si cominciava a parlare di Rosetta, anni novanta, abbiamo impiegato circa 10 anni a costruirla, poi è partita nel 2004, ha compiuto un viaggio interplanetario di dieci anni nel corso dei quali ha effettuato molte osservazioni tra cui due asteroidi, nel 2014 è arrivata sulla cometa, l'ha inseguita per due anni, abbiamo ottenuto circa 80.000 immagini con cui abbiamo prodotto circa 100 articoli in quattro anni, e adesso ancora le studieremo per molti anni a venire. Quindi la missione Rosetta ha interessato buona parte della mia vita accademica e di ricerca.

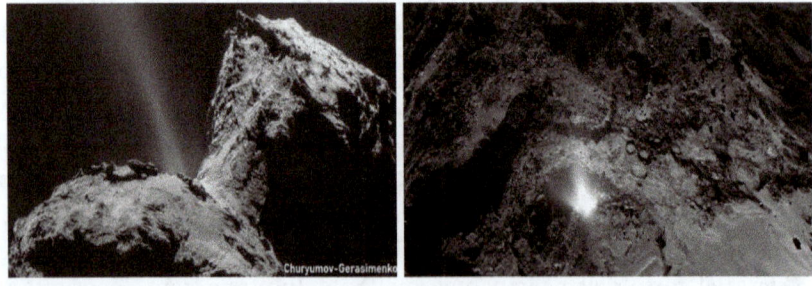

Figura 5.9 Immagini della cometa 67/P ottenute dalla camera OSIRIS: a sinistra un getto che esce dal "collo" della cometa, a destra si osserva proprio il punto da cui nasce un getto. La cometa è molto scura (riflette il 3–4% della luce che riceve) per la presenza di materiale organico. (Credito: ESA)

5.6 Perché studiarli?

Dopo questa introduzione agli asteroidi e comete, una domanda che ci si dovrebbe porre è perché sia così interessante studiarli.

Il primo motivo è che le comete e gli asteroidi sono rimasti praticamente intatti dal momento della loro formazione. E quindi il loro studio ci permette di fare un salto indietro di 4 miliardi e mezzo di anni, ovvero alla formazione del Sistema Solare e ottenere informazioni importanti su origine ed evoluzione del nostro sistema planetario.

Il secondo motivo è che sembra ormai quasi assodato che siano questi oggetti ad aver portato i materiali primordiali sulla Terra da cui poi ebbe origine la vita. Non solo, ma è molto probabile che anche buona parte dell'acqua dei nostri oceani sia stata portata da questi oggetti. Infatti, sembra esserci stato un periodo che risale a circa 4 miliardi di anni fa, in cui ci fu un fortissimo bombardamento (Late heavy bombardment) dei pianeti interni da parte di comete e asteroidi che durò circa 200 milioni di anni e probabilmente fu proprio questo periodo quello in cui furono portate le molecole organiche primordiali e buona parte dell'acqua sulla Terra. Questo lo affermiamo anche perché abbiamo una testimonianza diretta osservando la pesante craterizzazione della Luna o di Mercurio.

Terzo motivo è che questi oggetti, non come allora, ma ancora continuano a cadere: cadono sui pianeti, cadono su Giove, cadono sulla Terra e possono portare a dei disastri a livello planetario, come avvenne circa 65 milioni di anni fa, in seguito alla caduta di un oggetto di circa 15–20 chilometri.

A Chelyabinsk in Russia, nel 2013 scoppiò in cielo un oggetto di soli 15 metri di diametro e provocò la rottura di 200 mila metri quadri di finestre e mille feriti.

In questo contesto, il problema della difesa planetaria negli ultimi anni sta coinvolgendo le maggiori agenzie spaziali mondiali e anche molti governi. Infatti anche l'Unione Europea sta finanziando molti progetti per lo studio dei Near Earth Asteroids, perché sono soprattutto questi oggetti a poter cadere sul nostro pianeta.

Infatti anche noi abbiamo avuto un importante finanziamento dall'Unione Europea (denominato NEOROCKS) proprio per studiare i NEO. Oggetti anche piccoli come quello di Chelyabinsk, hanno una frequenza di caduta che va da qualche decina a qualche centinaio di anni.

Oggetti un pò più grandi, di circa 50 m di diametro, come quello che provocò l'evento Tunguska nel 1908 in Siberia (Fig. 5.10) distruggendo circa 2.000 chilometri quadrati di foresta, hanno una frequenza che va da qualche centinaio a qualche migliaio di anni.

Figura 5.10 Evento Tunguska

Un oggetto simile provocò anche la formazione del Meteor Crater in Arizona circa 50.000 anni fa (Fig. 5.11).

L'oggetto che invece provocò l'estinzione dei dinosauri aveva dimensioni molto maggiori, circa 20 km di diametro ed ebbe un impatto a livello planetario. La caduta di un tale oggetto ha una frequenza molto più bassa, milioni di anni, l'ultimo infatti è stato 65 milioni di anni fa.

È sufficiente comunque un oggetto con un diametro di circa un chilometro per provocare un disastro a livello planetario.

Figura 5.11 Meteor Crater Arizona

Oggetti più piccoli, di qualche metro, portano a disastri locali, terremoti, tsunami, ecc.

Finora abbiamo catalogato e studiato circa il 90% degli oggetti più grandi di un chilometro, ma conosciamo soltanto il 10% degli oggetti di dimensioni di 100 metri.

5.7 Missione DART

È nata quindi una cooperazione internazionale tra NASA ed ESA (Fig. 5.12) per un progetto comune di difesa planetaria con una missione DART della NASA che avrebbe dovuto tentare per la prima volta di deviare un asteroide (Dimorphos, satellite dell'asteroide Dydimos) dalla sua orbita mediante la tecnica dell'impattatore cinetico (avvenuto con successo il 26 settembre 2022) e la missione HERA dell'ESA (partita il 7 Ottobre 2024) per andare a studiare gli effetti di questo impatto, raggiungendo l'obiettivo nel 2027.

La missione DART della NASA è frutto di una cooperazione internazionale, in Fig. 5.13 è riportato l'Investigation Team, di cui sono membro. È una missione che si è svolta quasi interamente nel periodo COVID e quindi parte del lavoro scientifico è stato svolto anche online.

Il lancio di DART è avvenuto il 24 novembre 2021, l'impatto il 26 settembre 2022, meno di un anno dopo la partenza. L'asteroide colpito, Dimorphos, è un oggetto piccolo di 160 metri che orbita attorno a un oggetto più grande di 750, che si chiama Didymos e questo appunto è un sistema binario. A bordo di questa sonda c'era anche un piccolo CubeSat finanziato dall'Agenzia Spaziale Italiana, chiamato Liciacube.

Figura 5.12 Missione DART e missione Hera

Figura 5.13 DART Investigation Team

DART aveva soltanto una camera a bordo, non aveva altri strumenti perché lo scopo era di colpire l'asteroide e provare a deviarlo. Anche Liciacube doveva solo testimoniare l'impatto. Sarebbe rimasto nei paraggi dell'evento solo qualche minuto.

In Fig. 5.14 è riportata l'ultima immagine di Dimorphos due secondi prima dell'impatto.

Figura 5.14 Ultima immagine completa di Dimorphos prima dell'impatto di DART. (Credito: NASA)

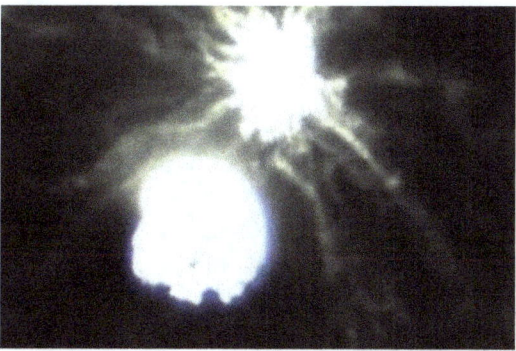

Figura 5.15 Immagine dell'impatto ripreso da Liciacube. (Credito:ASI)

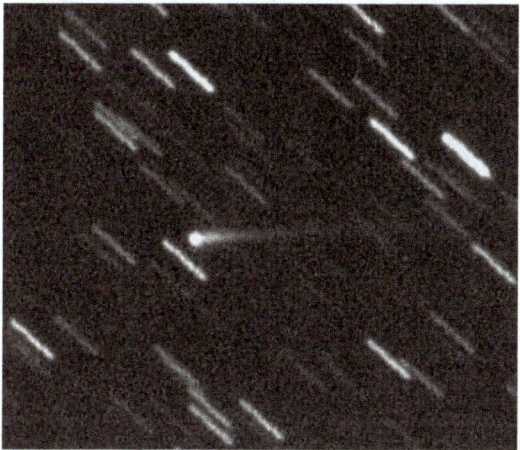

Figura 5.16 Dimorphos e la coda formata dopo l'impatto dai detriti. Immagine ottenuta al telescopio 1.80 m di Asiago

In Fig. 5.15 è riportata l'immagine ottenuta da LiciaCube che ha testimoniato il successo dell'impatto con una imponente emissione di detriti che sono andati successivamente a formare una coda visibile per mesi (Fig. 5.16).

La missione DART ha ottenuto un risultato ben oltre le aspettative dato che il periodo di rivoluzione di Dimorphos attorno a Dydimos è stato ridotto di ben 33 minuti.

Questa variazione l'abbiamo misurata con telescopi a Terra: un'imponente campagna internazionale di osservazione (Fig. 5.17) è stata organizzata dal Team di DART per misurare la variazione del periodo di Dimorphos tramite lo studio della curva di luce.

Figura 5.17 Campagna di osservazione internazionale organizzata per misurare la variazione del periodo di rivoluzione di Dimorphos. Sono stati impegnati telescopi dislocati su tutto il pianeta

5.8 La missione HERA

In ottobre 2024 c'è stata la partenza della missione HERA che è appunto il contributo europeo alla missione DART e che andrà a studiare in grande dettaglio il sistema binario e gli effetti dell'impatto in modo anche da ottenere tutte le informazioni necessarie per poter riprodurre quanto fatto da DART con altri oggetti, magari in rotta di collisione con la Terra. Con Hera il sistema binario verrà studiato sotto molti aspetti essendoci a bordo vari strumenti e anche due CubeSat, Milani e Juventas.

Nella missione Hera sono membro del Science Management Board assieme al Principal Investigator, al Project Manager e al Project Scientist per la gestione dell'intera missione e dei working groups (Fig. 5.18).

Il cubesat Milani è italiano, prodotto dall'azienda Tyvak e di italiano c'è anche Vista, uno strumento per studiare la polvere e italiano è anche uno strumento per la radio science.

5.9 Conclusioni

In conclusione, sembra ormai evidente l'interesse generale per lo studio di asteroidi e comete. A riprova di questo basti pensare che in questo momento sono in atto o in programmazione molte missioni ad asteroidi e comete. La missione Lucy della NASA sta volando verso gli asteroidi Troiani vicino a Giove, la

Figura 5.18 Missione Hera e struttura del Science Management Board

Figura 5.19 Missioni in corso ad asteroidi

missione Psyche sta andando ad incontrare l'oggetto omonimo, la New Horizon, dopo aver incontrato Plutone e il transnettuniano Arrokoth, incontrerà altri trans nettuniani. La missione Osiris-Rex e la Missione Hayabusa2 sono state prolungate per incontrare altri due asteroidi (Fig. 5.19)

Per quanto riguarda le comete, è in preparazione la missione Comet Interceptor, ancora una missione dell'ESA, a cui partecipo come membro di uno dei 4 Working Groups, nominata da ESA, e che andrà ad incontrare una cometa che entra per la prima volta nel Sistema Solare.

Un'altra missione dell'ESA di recente approvazione è la missione Ramses che andrà ad incontrare l'asteroide Apophis che, appena scoperto, si pensava avrebbe colpito la Terra nel 2029. Invece, dopo averne determinato l'orbita con grande dettaglio, sappiamo che arriverà il 13 di aprile 2029 a 32.000 km dalla Terra, un decimo della distanza della Luna.

La natura ci sta offrendo un'opportunità unica di osservare da vicino un oggetto che avrebbe potuto colpirci e di studiarne i cambiamenti in seguito all'incontro ravvicinato con la Terra.

Si sta inoltre pensando ad un ritorno verso la cometa di Halley, che ripasserà vicino al Sole nel 2061.

Infine, gli asteroidi, in un futuro lontano, ma non lontanissimo, diventeranno molto probabilmente oggetti anche di sfruttamento minerario visto il loro elevato contenuto di materiali e metalli anche preziosi e terre rare.

L'esplorazione dei piccoli corpi e in generale del Sistema Solare sarà un settore sempre più ricco di opportunità in ugual misura per uomini e donne e dovrà unire molte competenze, dall'astronomia alla biologia, l'ingegneria aerospaziale, l'ingegneria biomedica, la geologia, la chimica che sempre più si intrecciano nelle tematiche spaziali.

Monica Lazzarin docente di Astrofisica del Sistema Solare presso il Dipartimento di Fisica ed Astronomia dell'Università di Padova dal 1999. Responsabile coordinatore del gruppo di ricerca del Sistema Solare del Dipartimento di Fisica e Astronomia di Padova. In questo gruppo si sono formati negli anni ricercatori in parte ora in attività presso altri istituti italiani e internazionali.

Laurea in Fisica, Dottorato di ricerca in Astronomia, si occupa da sempre dello studio dei piccoli corpi del Sistema Solare, comete ed asteroidi studiandoli da Terra mediante l'utilizzo dei più grandi telescopi al mondo (TNG, Canarie, VLT-NTT, ESO-Cile, Keck, CFHT, IRTF, Mauna Kea Hawaii) e dallo spazio avendo partecipato e partecipando alle più importanti missioni spaziali a comete ed asteroidi (Rosetta, DART, HERA, Ramses).

6

Donne nel sistema solare

Patrizia Caraveo

Riassunto Capire la struttura del sistema solare è stato il primo passo per posizionare il pianeta che chiamiamo casa rispetto alla sua stella per poi passare a fissare il nostro posto all'interno della nostra Galassia e del resto dell'Universo. Il compito è stato portato avanti da generazioni di astronomi che, però, spesso si sono serviti dell'aiuto di sorelle, mogli e figlie. Solo di recente le donne sono diventate protagoniste dello studio e dell'esplorazione dei corpi del sistema solare. È stato un lungo viaggio che cercheremo di percorrere insieme.

6.1 Introduzione

Vorrei affrontare la storia dello studio del sistema solare focalizzandomi sulle dinamiche di genere piuttosto che su quelle della meccanica celeste.

Il sistema solare è composto da otto pianeti ma non tutti sono noti fin dall'antichità per l'ottimo motivo che non tutti sono visibili ad occhio nudo. Stiamo parlando di Mercurio, difficile da osservare perché molto vicino al Sole, Venere, l'oggetto più brillante del cielo dopo la Luna, Marte, una macchia rossastra ben riconoscibile, e, per finire i giganti gassosi, Giove e Saturno che, nel 2020 sono stati protagonisti di una grande congiunzione. Si tratta di un apparente avvicinamento dei due pianeti, ognuno dei quali continua a percorrere la sua orbita, che si verifica ogni due secoli. La presenza di questi due

---

P. Caraveo (✉)
Institute of Space Astrophysics and Cosmic Physics, National Institute of Astrophysics (INAF), Milano, Italy

Figura 6.1 Giove (il più brillante) e Saturno brillano sopra le Tre Cime di Lavaredo. Astronomy Picture of the Day. (Credito Giorgia Hofer)

pianeti ha offerto materiale per foto bellissime, come quella riprodotta fatta da Giorgia Hofer che ha colto la coppia sopra le Tre Cime di Lavaredo. La foto, riprodotta nella figura 6.1, è stata scattata a Ottobre 2020 quando Giove e Saturno si stavano avvicinando alla loro grande congiunzione, che sarebbe avvenuta a dicembre.

Torniamo ai pianeti del sistema solare, ne abbiamo contato cinque visibili ad occhio nudo, aggiungiamo la Terra e facciamo sei. E gli altri due che storia hanno avuto? Chi li ha scoperti?

Il primo scopritore di pianeti è stato William Herschel che svelò la presenza di Urano nel 1781, il secondo pianeta, Nettuno, venne "calcolato" da Urbain Le Verrier in Francia e John Couch Adams in Inghilterra.

Le Verrier cercò di convincere gli astronomi francesi a osservare la posizione dove lui aveva previsto che ci doveva essere il pianeta, ma non ebbe successo. La sua lettera trovò accoglienza diversa all'osservatorio di Berlino, dove Johann Gottfried Galle e Heinrich Ludwig d'Arrest decisero di fare l'osservazione il 23 settembre 1846, trovando istantaneamente il nuovo pianeta, Nettuno.

Scoprire un nuovo pianeta può cambiare la vita e, di sicuro, Urano cambiò la vita del tedesco William Herschel, che era andato in Inghilterra a fare il musicista. Era appassionato di astronomia, ma non era il suo mestiere. Quando il re Giorgio III si rese conto che dal suolo inglese era stato scoperto un nuovo pianeta del sistema solare, lo nominò astronomo del re non astronomo reale, perché la posizione era già occupata da Nevil Maskelyne che non avrebbe molto gradito. Comunque essere nominato astronomo del re implicò uno stipendio che permise a Herschel di lasciar perdere la musica in favore dell'astronomia. William non lavorava da solo, lo aiutava la sorella Caroline, che, in origine, era una cantante e lo aveva raggiunto in Inghilterra per esibirsi insieme a lui. Mentre Caroline non è certo il primo esempio di signora che aiuta un familiare a svolgere osservazioni astronomiche, la signorina Herschel è la prima donna ad essere stata pagata per fare un lavoro scientifico, perché, proprio perché aiutava il fratello astronomo, ebbe una remunerazione ufficiale. Caroline Herschel è passata alla storia per la sua abilità nello scoprire le comete. In un'epoca che prestava moltissima attenzione a questi oggetti celesti, lei ne scoprì cinque.

6.2 Verso la parità di genere nello spazio

Dopo avere ricordato la storia della prima donna che venne pagata per fare osservazioni di comete, veniamo ai giorni nostri e consideriamo il contributo femminile all'esplorazione del sistema solare che vediamo riassunta in una un'infografica molto bella di National Geographic (purtroppo aggiornata al 2012) dove si cerca di condensare tutte le missioni che sono state lanciate verso diversi corpi del Sistema Solare (figura 6.2). Ogni riga è una missione e le missioni hanno un colore di riferimento, il giallo e arancione sono NASA, giallo vuol dire successo, arancione vuol dire insuccesso. Rosso chiaro è successo, prima sovietico poi russo, rosso scuro insuccesso. Poi troviamo gli europei, il Giappone, la Cina e l'India che sono le nazioni che partecipano e hanno partecipato nei vari momenti dell'esplorazione del sistema solare. La grandissima epopea lunare, all'inizio è solo arancione, rosso, quindi missioni americane e sovietiche. Ci sono interessanti concentrazioni di colori: Venere è molto ros-

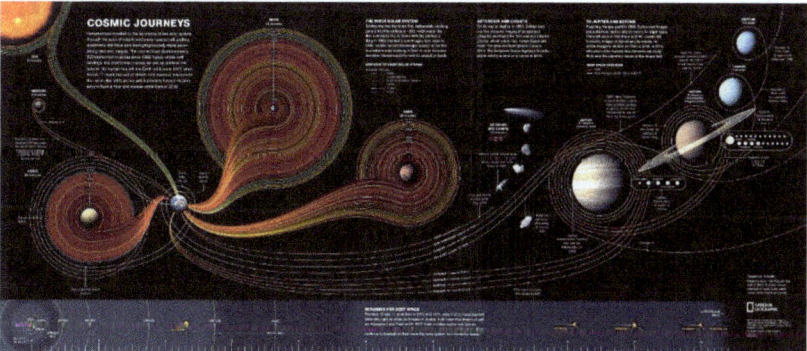

Figura 6.2 Infografica riassuntiva delle missioni di esplorazione del sistema solare aggiornata al 2012. (Credito National Geographic)

Figura 6.3 Foto di gruppo di tutti gli astronauti del programma Apollo. In tuta di volo tutti quelli che hanno volato, in giacca a cravatta gli astronauti di Apollo 13 ed in tuta azzurra gli astronauti di Apollo 1, periti in un terribile incidente durante una esercitazione a terra. (Credito NASA)

so, Marte è molto più giallo arancione; quindi, c'è stata una divisione politica, l'unione sovietica si è concentrata con grande successo su Venere, gli americani, la NASA ha preferito Marte, poi la NASA è andata Giove, Saturno ha fatto flyby di Urano e Nettuno, ha studiato i corpi minore del Sistema Solare eccetera.

Facciamo un breve excursus lunare, per notare che gli astronauti che hanno partecipato alle missioni Apollo sono tutti maschi bianchi, come evidente dalla figura 6.3.

Questa foto vi fa capire che nel mondo dell'astronautica le pari opportunità potevano solo migliorare perché partivano da zero, E la stessa cosa era vera nelle sale di controllo dove non c'era nessuno che non portasse una cravatta. Allora sorge spontanea la domanda, c'erano solo neuroni maschili a fare questo lavoro?

No, perché la storia ci insegna che i calcoli venivano fatti da un gruppo di matematiche di colore. Una delle più importanti è stata Catherine Johnson, un personaggio sconosciuto al pubblico fino a quando il presidente Obama nel 2015 le ha conferito la medaglia più importante che possa ricevere un civile. Nel 2016 è uscito il libro sulla sua storia, si titola Hidden Figures, figure nascoste, dal quale è stato tratto il film che da noi è diventato "Il diritto di contare". Catherine Johnson è andata alla cerimonia degli Oscar, il film non ha ricevuto nessun premio ma alla vecchia signora (che aveva 99 anni) venne tributata una standing ovation.

Poco dopo, la NASA ha intitolato il nuovo centro calcolo.

Torniamo agli astronauti perché alla fine degli anni '70, la NASA istituisce la figura di esperto di missione e questo apre alle donne la possibilità di fare domanda per diventare astronauta.

La prima fu Sally Ride, una ricercatrice all'università di Stanford, una scienziata e non un pilota come erano stati tutti gli astronauti precedenti, che volò sullo Shuttle nel 1983. Sappiamo che non fu lei la prima donna nello spazio, un onore che toccò alla sovietica Valentina Tereskova che era una operaia con la passione del paracadutismo. Valentina volò nel 1963 vent'anni prima di Sally Ride, ma in volo stette talmente male che Sergei Korolev, il grande capo della missilistica sovietica, disse che con le donne aveva chiuso. Tant'è vero che la seconda donna sovietica volò dopo Sally Ride, a ripova che ci sono voluti vent'anni per superare l'anatema di Korolev.

Ora noi sappiamo che le astronaute non sono più una rarità, ma, con numeri che oscillano intorno al 10% del totale, rimangono una minoranza. Tuttavia, la situazione potrebbe cambiare perché la NASA ha deciso che deve stare molto attenta alle pari opportunità e, dal 2013, ha fatto un'azione mirata per selezionare un numero di donne più o meno pari al numero degli uomini per il suo corpo astronauti. Tant'è vero che, come evidente dalla figura 6.4, il team che parteciperà alla missione Artemis ci sono donne e uomini, e, guardando con attenzione la foto di gruppo, si nota che non tutti hanno lo stesso colore della carnagione. In effetti, la NASA si è aperta alla diversità e il programma Artemis ha giurato

Figura 6.4 Il team Artemis, sono loro gli uomini e le donne che cammineranno sulla Luna. (Credito NASA)

che porterà la prima donna sulla luna. Tutto questo era vero prima che, all'inizio del suo secondo mandato, il presidente Trump firmasse un ordine esecutivo che metteva al bando tutti i programmi Diversity Equity Inclusion. A seguito di ciò, dal sito della NASA è scomparsa la notizia che il programma Artemis porterà la prima donna ed il primo uomo non bianco a camminare sulla Luna.

6.3 Donne nelle sale di controllo delle missioni

Mentre la NASA apriva alle scienziate come specialiste di missione, cosa è successo nelle sale di controllo? Qui scalzare la predominanza maschile nell'ingegneria aerospaziale è stato durissimo.

Lo si capisce guardando figura 6.5 che ho preso da un libro fotografico intitolato, The Only Woman, un libro che raccoglie foto di gruppi di persone dove c'è una sola signora.

La foto in questione ritrae la sala di controllo di Cape Kennedy, dove sono tutti girati verso il finestrone che permette di vedere il lancio ma appare chiaro che l'ingegnere senza cravatta è uno solo.

La mancanza di donne nei team scientifici non è passata inosservata alla NASA che si è chiesta quale fosse la percentuale delle donne all'interno dei gruppi che costruivano e gestivano le sue missioni planetarie.

Figura 6.5 JoAnn Morgan, instrumentation controller di Apollo 11, l'unica donna nella sala di controllo di Cape Canaveral. (Credito NASA)

La risposta è stata pubblicata su Nature qualche anno fa e risulta evidente che si passa dallo 0% delle missioni Viking fino al gran massimo di un 25% della missione Osiris Rex, quella che è andata a raccogliere materiale dell'asteroide Bennu.

Nel conteggio, che arriva fino al 2016, solo 96 delle 961 persone coinvolte nelle missioni planetarie NASA erano donne, ancora una volta siamo al 10%. Però, il fatto di essere poche non impedisce di occupare posizioni importanti. Donne tra le Stelle ha un rapporto particolare con Carolyn Porco, che è stata capo dell'imaging team della missione Cassini, spesso voce narrante delle immagini assolutamente spettacolari degli anelli di Saturno.

Veniamo in tempi più recenti con la missione della NASA MARS 2020 che ha portato il rover Perseverance a poggiarsi delicatamente su Marte.

La manovra dell'ammartaggio, nella quale si gioca il tutto per tutto, viene chiamata i 7 minuti di terrore perché la sonda deve eseguire tutta una serie di manovre in piena autonomia dal momento il tempo di transito dei segnali tra la Terra e Marte è troppo lungo per permettere un qualsivoglia intervento. L'ammartaggio di Perseverance è stato raccontato da Swati Moham, la responsabile del calcolo della traiettoria per fare arrivare al suolo la missione. Quando si sono viste le immagini dell'apertura del paracadute in molti si sono chiesti come mai i colori degli spicchi fossero disposti in modo così strano.

Quando la NASA ha rivelato che i colori nascondevano un messaggio cifrato, si è scatenata la corsa a decodificare il messaggio. Il mistero è stato risolto da un team formato da un padre e figlio, uno in Francia e uno in Inghilterra, due informatici che hanno capito che c'era scritto un fantastico motto del presidente Roosevelt, dare mighty things, osa cose grandiose.

Figura 6.6 Paracadute di Perseverance con un messaggio segreto. (Credito NASA)

Questo motto non si applica solo alle missioni marziane. È grandiosa la carriera di Diana Truiglio, che è flight director di Perseverance. Giovanissima, dopo un viaggio avventuroso è entrata negli Stati Uniti come immigrante illegale e si è pagata gli studi facendo la domestica. Ed è stata la prima ragazza ispanica a entrare nell'accademia spaziale della NASA e adesso è la voce latina della NASA perché è lei che commenta in spagnolo gli appuntamenti più importanti della NASA.

Parlando di personaggi simbolici non possiamo finire senza dare il nostro saluto ad Amalia Finzi, nota come la signora delle comete grazie alla sua partecipazione alla missione dell'ESA Rosetta verso la cometa 67 P. Amalia Finzi aveva guidato il gruppo che aveva costruito il "carotatore" che doveva trapanare la cometa per scoprire di cosa era fatta. Il trapano era parte del lander Phylae che avrebbe dovuto posarsi sulla cometa che, fin dalle prime immagini, si rivelò avere una forma veramente bizzarra che venne descritta vuoi come una paperella, vuoi come una scamorza cosmica. È famoso lo sfogo della desolata prof.ssa Finzi che quando vide le prime immagini della cometa disse "mamma mia com'è brutta, ma proprio a me doveva capitare una cometa così brutta?".

Patrizia Caraveo è Dirigente di Ricerca all' Istituto Nazionale di Astrofisica (INAF) ed ha diretto lo IASF a Milano. Per i contributi dati alla comprensione dell'emissione di alta energia delle stelle di neutroni, ha ricevuto nel 2009 il Premio Nazionale Presidente della Repubblica e, nel 2021, il Premio Enrico Fermi della Società Italiana di Fisica Nel 2014 è entrata nella lista degli Highly Cited Researchers. Nel 2017 è stata nominata Commendatore dell'Ordine al Merito della Repubblica Italiana

7

Il Cielo e il potere della meraviglia

Ersilia Vaudo Scarpetta

Riassunto Ci sono disuguaglianze, che diventeranno poi abissi, le cui tracce si stabiliscono già dall'infanzia. Si tratta dell'esclusione, sistematica e diffusa, da una alfabetizzazione ormai imprescindibile. La matematica. Un linguaggio che ha in sé la possibilità di avvicinare mondi distanti e preparare ad un domani di pari opportunità. L'Associazione no-profit "Il Cielo Itinerante" si propone di "portare il cielo dove non arriva" tra bambini e bambine che vivono in zone di disagio sociale e povertà educativa, per avvicinarli alle meraviglie della scienza "sporcandosi le mani", e usando lo spazio come attivatore di curiosità. Con il progetto "Operazione Cielo" l'associazione ha organizzato compi estivi, in 6 periferie di grandi città italiane, centrati su un metodo innovativo di insegnamento della matematica sviluppato a Stanford. L'impatto è stato misurato da IPSOS, ed ha confermato una trasformazione radicale della percezione della matematica nei bambini coinvolti e un sostanziale miglioramento delle loro competenze.

7.1 Introduzione

Per comprendere l'universo, per entrare nel magico mondo della fisica, tanto si può raccontare a parole, ma è solo se si parla il linguaggio della matematica che si riesce a cogliere fino in fondo la meraviglia di realtà inaccessibili.

E. Vaudo Scarpetta (✉)
Diversity Officer, THAT, Paris, France
e-mail: ersilia.vaudo@esa.int

L'importanza di allargare l'accesso alla matematica è uno degli argomenti di cui sono una "militante" e su cui insisto molto da anni. È questo il motivo per cui, con Alessia Mosca e Giovanna dell'Erba, nel 2021 ho fondato l'associazione "Il Cielo itinerante" (https://ilcieloitinerante.it/).

7.2 La sua missione?

Quella di "portare il cielo dove non arriva", in zone di povertà educativa, e a rischio di abbandono scolastico, per esporre questi bambini e queste bambine all'esperienza del Cielo, usando quindi lo spazio come potente attivatore di emozioni. Quando un bambino ha passato la giornata a cucinare comete e costruire razzi, e la sera mette gli occhi ad un telescopio e guarda gli anelli di Saturno, si accende una scintilla, un desiderio di futuro. Con il nostro pulmino è ormai dal 2021, che andiamo in giro per l'Italia (Fig. 7.1). Finora Il Cielo Itinerante ha incontrato oltre 3000 bambini in un centinaio di comuni d'Italia, e l'effetto è stato sempre entusiasmante. La scorsa estate abbiamo voluto lanciare un nuovo esperimento "Operazione Cielo" per portare la matematica in questi luoghi. Abbiamo invitato professori di Stanford ad formare 30 studenti universitari provenienti da tutta Italia, e questi ragazzi hanno poi gestito campi estivi di quattro settimane in sei zone: quattro quartieri di Napoli, Tor Bella Monaca vicino a Roma e Giambellino vicino a Milano.

Figura 7.1 Mazara del Vallo: Prima tappa de Il Cielo itinerante in Sicilia. (Credito: Il Cielo Itinerante)

È incredibile costatare che, secondo i dati dell'indagine PISA dell'OCSE, in Italia c'è il più grande divario di genere di competenze in matematica tra adolescenti, ultimi di oltre 80 paesi analizzati. Questo vuol dire che le ragazze rimangono indietro già dalle scuole medie se non dalle elementari. Oltretutto, al di là della questione di genere, i dati dimostrano che chi viene da situazioni di disagio socio-economico rimane immancabilmente "fuori dalla matematica", quindi non avrà più la possibilità domani di poter far parte di un mondo dove queste competenze saranno sempre più importante.

Portare dei bambini che hanno appena finito scuola a fare per quattro settimane un campo di matematica non è ovvio. Non si trattava di giocare a pallone, eppure l'impatto è stato straordinario così come il grandissimo aumento d'interesse che è stato registrato durante tutto il periodo verso queste attività. Il rapporto con la matematica che il primo giorno veniva descritta come troppo difficile e complicata, legata ad un innato talento, alla fine dell'esperienza era cambiato: i bambini riconoscevano che ciò che fa la differenza è la passione e la voglia in qualche modo di mettercela tutta; quindi, una piccola trasformazione è certamente avvenuta (Fig. 7.2).

Quello che non mi stanco di ripetere è che, a scuola impariamo l'italiano perché siamo cittadini di questo paese, l'inglese perché siamo cittadini del mondo. Lo stesso impegno deve essere messo nell'includere tutti gli studenti nella matematica, il linguaggio dell'universo, e il linguaggio delle STEM.

Figura 7.2 Matera, Sede ASI: lancio dei razzi, costruiti dai ragazzi durante il laboratorio "lanciatori spaziali" de Il Cielo Itinerante. (Credito: Il Cielo Itinerante)

In altre parole, come amo definirla, la matematica è "un abilitatore di futuro".

In Francia la matematica è stata considerata emergenza nazionale. Non solo per un motivo economico – i paesi più forti in matematica sono anche quelli più forti economicamente – ma anche per una questione molto più interessante e sottile e cioè chi si sente inadeguato rispetto alla matematica sarà più incline da adulto a delegare ragionamenti complessi, a irridere gli esperti, a non fidarsi della scienza. Quindi la matematica è non solo un "abilitatore di futuro", ma è anche un abilitatore di democrazia, quindi il valore strategico della matematica che viene usata per escludere e non per includere è purtroppo ancora non totalmente compreso nel nostro paese.

Io dico sempre che se un bambino o una bambina si convincono di non essere portati per la matematica o se qualcuno li convince di non essere portati nella matematica è dovere di un paese portarceli, perché come dice Rilke, il futuro è in noi molto prima che accada.

Ersilia Vaudo Scarpetta Laureata in Astrofisica. Dal 1991 lavora all'Agenzia Spaziale Europea dove è attualmente ESA Senior Advisor on Strategic Evolution e Chief Diversity Officer. Ersilia Vaudo è Presidente e co-fondatrice dell'Associazione "Il Cielo itinerante" per promuovere l'alfabetizzazione STEM portando "il cielo dove non arriva", con un telescopio sopra un pulmino e campi STEM, tra bambini e bambine in zone di disagio e povertà educativa.

Nel 2022 le è stata conferita l'onorificenza Commendatore dell'Ordine della "Stella d'Italia" dal presidente della Repubblica italiana. Nel 2023 ha pubblicato con Einaudi "Mirabilis. Cinque intuizioni (più altre in arrivo) che hanno rivoluzionato la nostra idea di Universo."

8

Ammassi globulari, fossili cosmici della giovane Via Lattea

Maria Vittoria Legnardi

Riassunto Gli ammassi globulari sono spettacolari agglomerati sferici composti da centinaia di migliaia di stelle. Annoverati tra gli oggetti più antichi dell'Universo, rappresentano dei veri e propri fossili cosmici che permettono di far luce sugli eventi che hanno portato alla formazione della Via Lattea. Un po' come degli Indiana Jones dello spazio, in questa presentazione andremo alla scoperta dei segreti più nascosti che questi reperti possono rivelarci sull'origine e l'evoluzione della nostra galassia.

8.1 Introduzione

Mi sono avvicinata al mondo dell'astronomia in quarta superiore a seguito della visione del film Interstellar. Sono rimasta affascinata dalle immagini dello spazio mostrate in quel film, ma allo stesso tempo incuriosita dalla fisica menzionata nel film di cui non avevo capito decisamente nulla. Da questo è nato la mia voglia di conoscere lo spazio e i suoi misteri. Nel mio intervento parlerò di ammassi globulari, l'oggetto del mio studio quotidiano da quando ho iniziato il dottorato.

M. V. Legnardi (✉)
Department of Physics and Astronomy, University of Padua, Padova, Italy
e-mail: mariavittoria.legnardi@studenti.unipd.it

8.2 Caratteristiche degli ammassi globulari

Gli ammassi globulari sono agglomerati sferici composti da centinaia di migliaia di stelle antiche tenute insieme da un'intensa forza di gravità. In Fig. 8.1 sono mostrati alcuni esempi di ammassi globulari nella Via Lattea. Il più caratteristico è sicuramente Omega Centauri, un ammasso così luminoso da poter essere osservato a occhio nudo nei cieli limpidi dell'emisfero australe. M13, conosciuto anche come Ammasso Globulare di Ercole, è l'ammasso più luminoso dell'emisfero boreale, famoso anche per essere stato il destinatario del messaggio di Arecibo inviato nel 1974.

Dalla serie di immagini mostrate in Fig. 8.1, si possono immediatamente evincere le due proprietà fondamentali di questi corpi celesti:

- Forma sferica: gli ammassi globulari sono mantenuti da un'intensa gravità interna, che conferisce loro il tipico aspetto sferico.
- Densità elevata: l'intensa gravità mantiene una densità stellare molto elevata al centro degli ammassi. Per fare un paragone, le stelle negli ammassi globulari sono così vicine che, se il Sole fosse una di queste, nella distanza che lo separa da Alfa Centauri (la stella più vicina) ci sarebbero più di mille stelle.

Un'altra caratteristica distintiva di questi corpi celesti è la loro concentrazione in una zona chiamata alone galattico, situata alla periferia della Via Lattea.

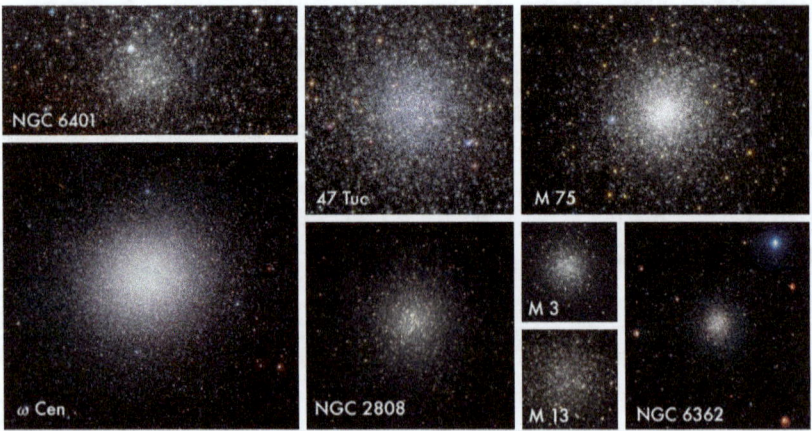

Figura 8.1 Ammassi globulari galattici. Dall'angolo in alto a sinistra: NGC 6401, 47 Tucanae (NGC 104), M75 (NGC 6854), Omega Centauri (NGC 5139), NGC 2808, M3 (NGC 5272), M13 (NGC 5139), e NGC 6362. (Credito: (da sinistra verso destra) ESA/Hubble & NASA, ESA/Hubble, ESA/Hubble & NASA, ESO, NASA/ESA, NASA/ESA & Hubble Heritage Team, ESO)

Figura 8.2 Ingrandimento della regione centrale dell'ammasso globulare NGC 6362. L'estrema precisione del telescopio spaziale Hubble permette di separare le singole stelle anche nelle regioni centrali più densamente popolate. (Credito:NASA)

In Fig. 8.2 è mostrato un ingrandimento della regione centrale di NGC 6362, che permette di analizzare in dettaglio le caratteristiche delle stelle che compongono gli ammassi globulari. Si può notare che le stelle hanno colori diversi, ovvero temperature diverse. Contrariamente a quanto si potrebbe pensare, le stelle più rosse sono più fredde, mentre quelle più blu sono più calde. A parità di colore, poi, si può osservare che le stelle hanno una diversa luminosità. Questa caratteristica non è dovuta a un effetto prospettico, ma è una proprietà intrinseca, poiché sappiamo che le stelle che compongono questi oggetti si trovano tutte alla stessa distanza.

8.3 Il diagramma colore-magnitudine

Queste tre proprietà sono utilizzate per costruire il **diagramma colore-magnitudine**, un grafico di fondamentale importanza per gli astronomi. Come si può vedere in Fig. 8.3, in questo diagramma le stelle non si distribuiscono casualmente, ma lungo sequenze specifiche. In particolare, la maggior parte delle stelle popola la sequenza principale, che rappresenta la fase di vita più lunga delle stelle, durante la quale producono energia attraverso le reazioni di fusione dell'idrogeno in elio nel nucleo.

Quando le stelle terminano di bruciare idrogeno nel nucleo, entrano nel ramo delle giganti rosse, una fase di instabilità che porta le stelle a espandersi notevolmente. Il punto del diagramma in cui ciò avviene, chiamato turn-off, è di fondamentale importanza per gli astronomi perché rappresenta un vero e

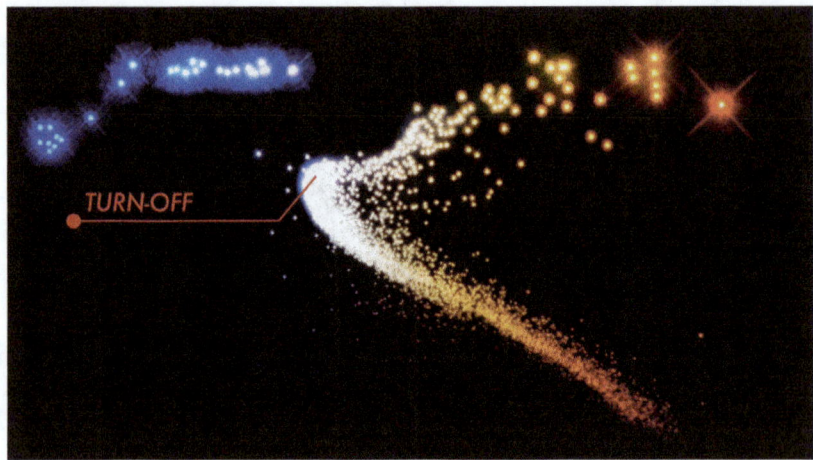

Figura 8.3 Illustrazione artistica di un tipico diagramma colore-magnitudine di un ammasso globulare. Il punto in cui le stelle escono dalla sequenza principale per diventare giganti rosse viene chiamato turn-off e rappresenta un cronometro per l'evoluzione stellare. (Credito: NASA, ESA, J. Anderson e R. van der Marel (STScI))

proprio cronometro dell'evoluzione stellare. Infatti, confrontando la posizione del turn-off osservato con quella prevista dai modelli, è possibile stimare l'età degli ammassi globulari.

L'analisi approfondita degli ammassi globulari galattici attualmente noti ha permesso di scoprire che questi corpi celesti sono tra gli oggetti più antichi dell'Universo. Con un'età di 12–13 miliardi di anni, essi risalgono a poche centinaia di milioni di anni dopo il Big Bang, e il loro studio permette di ottenere informazioni importanti sulle prime fasi di vita dell'Universo. Allo stesso tempo, gli ammassi globulari si sono formati molto prima dell'epoca di formazione ed evoluzione delle galassie, in particolare della Via Lattea. Si può dire quindi che le stelle che costituiscono gli ammassi globulari rappresentano i mattoni che hanno portato all'evoluzione delle galassie che osserviamo oggi.

8.4 La rivoluzione del telescopio spaziale Hubble: le popolazioni stellari multiple

Prima dell'avvento del telescopio spaziale Hubble, lanciato in orbita nel 1990, un tipico diagramma colore-magnitudine di un ammasso globulare, come quello di NGC 2808 rappresentato in Fig. 8.4, mostrava una singola sequenza che si estendeva dalla sequenza principale fino al ramo delle giganti. L'osservazione di una singola sequenza di stelle, ovvero una popolazione stellare

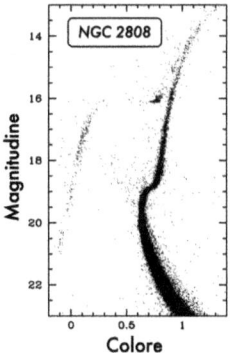

Figura 8.4 Diagramma colore-magnitudine di NGC 2808 ottenuto da immagini nell'ottico

semplice, implica che si stava osservando un insieme di stelle con la stessa età e composizione chimica.

Il telescopio spaziale Hubble ha radicalmente cambiato la nostra visione degli ammassi globulari come popolazioni stellari semplici per due motivi principali. Primo, Hubble, orbitando sopra l'atmosfera ed avendo una straordinaria acuità visiva, ha permesso di osservare in modo estremamente preciso le stelle nelle regioni centrali degli ammassi globulari, che fino a quel momento non erano mai state studiate in dettaglio. Secondo, Hubble è in grado di osservare la luce delle stelle bloccata dall'atmosfera, in particolare i raggi ultravioletti.

Combinando questi due fattori, i diagrammi colore-magnitudine ottenuti con i dati di Hubble, come quello in Fig. 8.5, mostrano che NGC 2808, l'og-

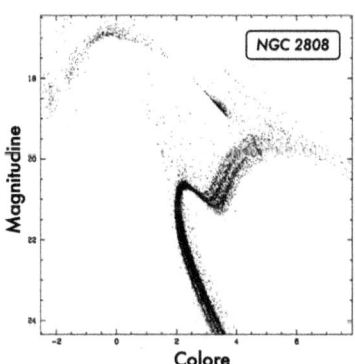

Figura 8.5 Diagramma colore-magnitudine di NGC 2808 ottenuto combinando immagini ottiche e ultraviolette del telescopio spaziale Hubble

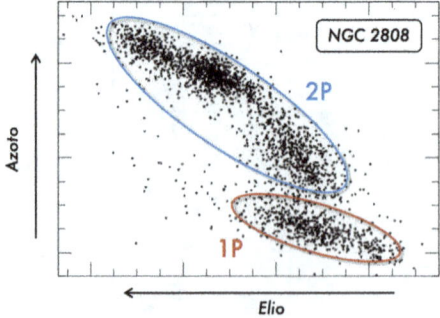

Figura 8.6 Mappa cromosomica di NGC 2808. Le stelle di prima popolazione presentano una composizione chimica comune mentre le stelle di seconda popolazione, arricchite in elio e azoto, si trovano esclusivamente negli ammassi globulari

getto rappresentato anche in Fig. 8.4, non presenta più una singola sequenza, ma almeno tre. Questo fenomeno, noto come popolazioni stellari multiple, è causato da differenze nella composizione chimica delle stelle negli ammassi globulari. Per evidenziare queste differenze, si utilizza il diagramma rappresentato in Fig. 8.6, chiamato mappa cromosomica. Questo grafico, ottenuto con i dati di Hubble, è estremamente sensibile alla composizione chimica delle stelle negli ammassi globulari. In particolare, l'asse delle ascisse è proporzionale alla quantità di elio, mentre l'asse delle ordinate è sensibile all'azoto.

L'analisi delle mappe cromosomiche in più di cinquanta ammassi globulari galattici ha rivelato che le popolazioni stellari multiple sono un fenomeno diffuso nella nostra galassia. Inoltre, sebbene con qualche differenza tra un ammasso e l'altro, questi corpi celesti ospitano due principali popolazioni di stelle. La prima popolazione è costituita da stelle comuni con una composizione chimica simile a quella presente in altre parti della nostra galassia. La seconda popolazione, invece, è formata da stelle "speciali" arricchite in elio e azoto, una composizione chimica che si trova esclusivamente all'interno degli ammassi globulari.

La formazione di questo particolare tipo di stelle è un quesito ancora irrisolto. Secondo lo scenario più accreditato, inizialmente si sono formate le stelle di prima popolazione. Successivamente, le stelle più massicce di questa prima popolazione sono esplose, rilasciando materiale che si è concentrato nella parte centrale dell'ammasso. Da questo materiale si sono formate in un secondo momento le stelle di seconda popolazione con la loro peculiare composizione chimica. Nel corso di centinaia di milioni di anni, parte delle stelle di prima popolazione sono state espulse dall'ammasso, contribuendo alla formazione della galassia, mentre le stelle di seconda popolazione si sono concentrate nel centro dell'ammasso.

8.5 Conclusioni

La scoperta del fenomeno delle popolazioni multiple ha complicato ancor di più la possibilità di scoprire come si sono formati gli ammassi globulari nelle prime fasi dell'universo. Studiare questo fenomeno è fondamentale non solo per far luce sulla formazione degli ammassi globulari ma anche per comprendere come questi corpi celesti hanno contribuito alla formazione e all'evoluzione delle galassie. Infine, in una visione più ampia, studiare le popolazioni multiple permette di avere delle informazioni importanti relativamente alle prime fasi di vita del nostro universo.

Maria Vittoria Legnardi dottoranda in astronomia all'Università di Padova, è appassionata di stelle dai tempi del liceo. La sua ricerca è concentrata sugli ammassi globulari, spettacolari agglomerati sferici composti da milioni di stelle fra le più antiche osservabili nell'intera Via Lattea.

Analizzando le immagini dei più potenti telescopi spaziali attualmente in orbita intorno al nostro pianeta, studia questi oggetti per far luce sugli eventi che hanno interessato la nostra galassia ai tempi della sua formazione.

9

Siamo pronti per la quinta rivoluzione industriale? Sarà lo Spazio ad ospitare lo scenario della prossima rivoluzione industriale

Veronica La Regina

Riassunto Questo sezione esplora le quattro principali rivoluzioni industriali, culminando nell'attuale Industria 4.0, caratterizzata dall'integrazione di tecnologie avanzate come l'intelligenza artificiale e l'Internet delle cose. Si discute l'importanza della produzione in orbita per risolvere problemi terrestri. Viene proposta la creazione di una stazione spaziale dedicata esclusivamente alla produzione industriale per superare le limitazioni della ISS e sfruttare appieno le potenzialità della microgravità che offre opportunità uniche per la produzione di nuovi materiali e farmaci. Inoltre, si riferisce in merito alla problematica delle barriere all'entrata di questo settore di mercato e come ridurle. La collaborazione con imprese esistenti è essenziale per ridurre i tempi di sviluppo e soddisfare le esigenze dei clienti e in definitiva creare un ecosistema ben solido.

V. La Regina (✉)
Space cargo unlimited, Torino, Italy

9.1 Introduzione

Finora, il progresso umano ha attraversato quattro principali rivoluzioni industriali:

1. Prima Rivoluzione Industriale (Industria 1.0): Iniziata nel XVIII secolo, caratterizzata dall'uso della macchina a vapore e del carbone.
2. Seconda Rivoluzione Industriale (Industria 2.0): Avviata alla fine del XIX secolo, con l'introduzione dell'elettricità, del motore a scoppio e del petrolio.
3. Terza Rivoluzione Industriale (Industria 3.0): Cominciata nella seconda metà del XX secolo, segnata dall'avvento dell'informatica, dell'automazione e delle tecnologie digitali.
4. Quarta Rivoluzione Industriale (Industria 4.0): Attualmente in corso, caratterizzata dall'integrazione di tecnologie avanzate come l'intelligenza artificiale, l'Internet delle cose (IoT), la robotica e la biotecnologia.

Ogni rivoluzione industriale ha innegabilmente portato benefici alla vita terrestre. Oggi, diversi fattori stanno contribuendo alla svolta delle produzioni in orbita, con l'obiettivo di risolvere problematiche terrestri.

In questa sezione vi fornirò un quadro d'insieme delle motivazioni, delle condizioni al contorno e delle innumerevoli esternalità positive derivanti dall'esistenza di una piattaforma in orbita bassa con servizio di rientro a vocazione industriale e commerciale. Tale piattaforma permette la produzione di grandi volumi nuovi manufatti o artefatti (e.g. tessuti cellulari, sferoidi, sintetizzazione di cristalli proteici, fibra ottica, crescita di piante, etc.) nello spazio extra-atmosferico, con l'obiettivo primario di risolvere problemi terrestri e, successivamente, di favorire l'evoluzione della permanenza umana oltre i confini terrestri.

9.2 Perché i tempi sono maturi per la prossima rivoluzione industriale?

Ogni rivoluzione industriale ha indubbiamente apportato benefici di lungo periodo e miglioramenti significativi alla vita umana sul pianeta Terra. Il comune denominatore di ogni rivoluzione è stata l'ottimizzazione dell'allocazione e dell'utilizzo delle risorse, nonché la soddisfazione di bisogni terrestri sempre più sfidanti.

Anche la produzione in orbita non fa eccezione, con potenziali sviluppi in nuovi settori come le nuove specie vegetali, i tessuti cellulari tridimensionali e la fibra ottica. La maturità dei tempi per avviare questo percorso, che abiliterà la creazione di un nuovo settore di mercato, deriva dall'esperienza di Space Cargo Unlimited. Questa azienda ha sperimentato i servizi dei principali operatori logistici per l'accesso allo spazio, maturando una visione delle possibilità e delle potenzialità future.

Tutto è iniziato con l'invio di 12 bottiglie di vino Petrus e barbatelle di viti a bordo della Stazione Spaziale Internazionale (ISS), avamposto dell'umanità dal 2 novembre 2001. Finora, la ISS è stata utilizzata per attività scientifiche di vario genere. In particolare, si è scoperto che è possibile produrre tessuti cellulari che crescono in forma sferoidale, grazie all'assenza della forza di gravità che li schiaccia come avviene sulla Terra. Inoltre, è possibile coltivare piante con caratteristiche diverse rispetto a quelle terrestri.

La produzione di materiali come la fibra ottica è un altro esempio delle potenzialità offerte dalla microgravità. Le ipotesi scientifiche e le tecnologie che hanno permesso queste produzioni in orbita sono state ampiamente testate e hanno dimostrato di poter offrire soluzioni tangibili a problemi terrestri.

Perché andare oltre la Stazione Spaziale Internazionale?

Durante le esperienze a bordo della Stazione Spaziale Internazionale (ISS), si sono riscontrate difficoltà nella produzione qualitativa e quantitativa in orbita. Queste difficoltà derivano dal fatto che la ISS è abitata, e quindi la sicurezza degli astronauti ha la massima priorità. Le normative di sicurezza impongono restrizioni che possono compromettere la qualità uniforme della microgravità, un fattore cruciale per la produzione in orbita.

Inoltre, la presenza degli astronauti e delle loro attività quotidiane può influire negativamente sulla stabilità della microgravità. La ISS è un ambiente affollato, con numerosi equipaggiamenti e strumentazioni che limitano lo spazio disponibile per la produzione di grandi volumi di manufatti e/o artefatti di processi attivati in orbita sia per produrre organismi biologici (cellule, piante, etc.) sia nuovi materiali (fibra ottica, produzioni additive metalliche e non, etc.).

Per superare queste limitazioni (Fig. 9.1), è necessario considerare la creazione di una stazione spaziale dedicata esclusivamente alla produzione industriale. Una tale stazione permetterebbe di produrre volumi consistenti di materiali e prodotti, che potrebbero essere riportati sulla Terra per essere valorizzati, studiati e utilizzati per migliorare i processi di innovazione terrestre.

Figura 9.1 I limiti della Stazione Spaziale Internazionale per la produzione in orbita. (Credito Space Cargo Unlimited)

9.3 Cosa si può fare su una stazione spaziale senza equipaggio in orbita bassa?

Space Cargo Unlimited ha fatto passi significativi negli ultimi anni, diventando la prima società a mettere sul mercato una nuova varietà di piante di Cabernet Sauvignon. Partendo da un campione di circa 300 barbatelle, queste piante sono state portate in orbita e fatte germinare. Dopo un'esposizione di circa 60 giorni all'ambiente spaziale in orbita bassa, le piante sono tornate sulla Terra. Un campione di controllo con le stesse caratteristiche è stato mantenuto e piantato nuovamente sulla Terra per confronto.

Si è osservato che, sebbene ci sia stato un tasso di mortalità superiore al 60%, le piante sopravvissute hanno sviluppato nuove caratteristiche peculiari, confermate fino a tre generazioni. Le piante esposte all'ambiente spaziale crescevano più rapidamente, richiedono meno acqua e nutrienti, e producono grappoli di uva con una maggiore concentrazione di zucchero (Fig. 9.2). Questo ha permesso una fermentazione più veloce, consentendo di vendere il vino una settimana o dieci giorni prima rispetto alle piante terrestri.

Queste caratteristiche hanno suscitato grande interesse tra i vivai che vendono piante ai viticoltori, poiché richiedono meno acqua, un aspetto cruciale considerando i problemi legati al cambiamento climatico. Tuttavia, la disponibilità di sole 300 piante rispetto alla domanda di 5.000 esemplari ha eviden-

Figura 9.2 Le sperimentazioni precursori della produzione in orbita, le viti e il vino. (Credito Space Cargo Unlimited)

ziato il collo di bottiglia rappresentato dalla limitata capacità della Stazione Spaziale Internazionale.

Un altro esperimento ha coinvolto l'invio di 12 bottiglie di vino Petrus, un prestigioso vino di Bordeaux, per un anno di invecchiamento a bordo della stazione spaziale (Fig. 9.2). Questo esperimento mirava a valutare se la microgravità influenzasse l'invecchiamento del vino e a testare un modello di business basato sul valore aggiunto di beni che hanno soggiornato nello spazio. Alcune bottiglie sono state vendute all'asta a un prezzo nettamente superiore al costo dell'intero esperimento.

Per creare valore su scala miliardaria, ogni spedizione dovrebbe includere un carico molto più grande, fino a 200, 300 o 400 bottiglie, o addirittura un'astronave interamente dedicata a questo scopo. Tuttavia, la limitata disponibilità di spazio sulla ISS rappresenta un ostacolo significativo. Pertanto, l'idea è di utilizzare un veicolo spaziale dedicato esclusivamente alla produzione industriale, permettendo esperienze di uno o due mesi in orbita prima di tornare sulla Terra.

9.4 Come fare per avere rapidamente un'infrastruttura interamente dedicata alla produzione in orbita?

Per sviluppare rapidamente un'infrastruttura dedicata alla produzione in orbita, è necessario disporre di un veicolo spaziale con capacità di rientro e ripartenza per cicli continui di salita, permanenza in orbita e ritorno sulla Terra. Questo richiede una preparazione efficiente e accurata, simile a quella necessaria per affrontare ambienti estremi come la montagna, dove è fondamentale avere l'equipaggiamento adeguato.

Il processo di manifattura del veicolo spaziale deve essere altamente qualificato, con saldature affidabili per affrontare le diverse fasi del viaggio: il lancio, il posizionamento in orbita, le operazioni in orbita e il rientro. Affidarsi a chi ha già esperienza in questo campo può aumentare significativamente le probabilità di successo, risparmiando tempo e risorse rispetto allo sviluppo ex novo (Fig. 9.3).

Attualmente, nel 2024, esiste una realtà industriale consolidata a Torino che ha partecipato ai programmi dell'ESA per sviluppare capacità di rientro. Collaborare con tali esperti può accelerare la realizzazione di un'infrastruttura spaziale dedicata alla produzione industriale.

La ricerca europea, in particolare italiana, ha portato alla creazione di un mini-shuttle senza equipaggio, sviluppato da Thales Alenia Space di Torino. Questo veicolo spaziale è progettato per ridurre le interferenze causate dalla

Figura 9.3 Il concetto dello spazioplano modulabile con modulo di servizio e scafo. (Credito Space Cargo Unlimited)

presenza degli astronauti, che possono compromettere la qualità della microgravità necessaria per la produzione in orbita.

Per aumentare la capacità di carico, è stato ideato un modulo di servizio, simile a un satellite, dotato di radiatori e pannelli solari. Questo modulo viene lanciato in orbita insieme allo spazioplano la prima volta e rimane in orbita, mentre lo scafo del veicolo spaziale sale e scende per ogni missione. In questo modo, lo scafo ha accesso all'energia necessaria per funzionare, permettendo di utilizzare più spazio per caricare bottiglie, piante o macchinari.

L'obiettivo è ridurre i tempi di sviluppo e sfruttare al massimo l'infrastruttura disponibile in orbita. La microgravità offre opportunità uniche per la creazione di nuovi materiali e processi, come la produzione di farmaci, con un potenziale valore di miliardi di euro nei prossimi 15 anni.

Per arrivare rapidamente sul mercato, è essenziale collaborare con aziende che già operano in ogni segmento della catena del valore, dal servizio di lancio all'accesso allo spazio e all'infrastruttura orbitale. La presenza di numerosi operatori in questo settore dimostra che il mercato è già ben popolato (Fig. 9.4). Pertanto, l'approccio migliore è integrare le competenze esistenti per sviluppare una navetta che possa soddisfare rapidamente le esigenze dei clienti.

Le esigenze dei clienti variano a seconda della loro tipologia. Ci sono attori già esperti nel settore spaziale, come le agenzie spaziali e le imprese che devono testare nuovi processi, materiali e dispositivi. Poi c'è la ricerca, sia pubblica che privata, e infine la parte non spaziale, come i vivai di piante che potrebbero beneficiare di missioni spaziali per migliorare le loro colture.

Figura 9.4 Catena del valore per servizi di accesso all'orbita bassa. (Credito Space Cargo Unlimited)

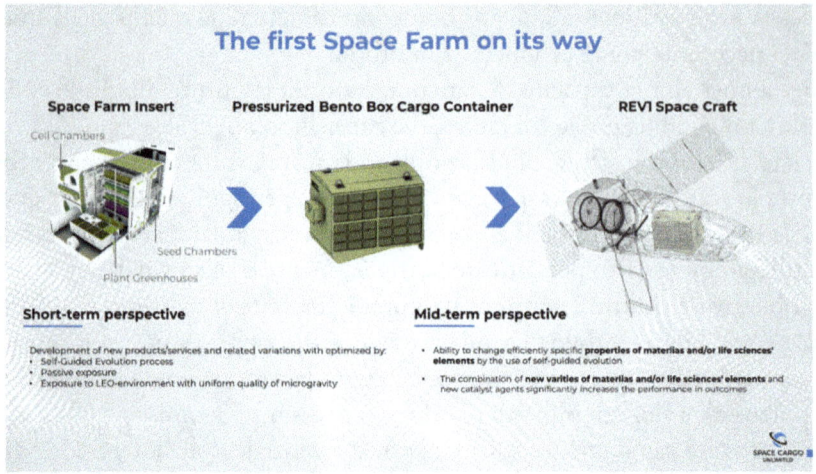

Figura 9.5 Strategia per il posizionamento di mercato dal BentoBox allo spazio plano. (Credito Space Cargo Unlimited)

È necessario un percorso di divulgazione per informare questi potenziali clienti. Tuttavia, la divulgazione comporta rischi finanziari per le imprese. Un modo per mitigare questi rischi è sviluppare una facility, come la BentoBox, che abilita l'operatività dei processi di produzione in orbita e può funzionare su diverse piattaforme orbitali (Fig. 9.5).

La commercializzazione iniziale della BentoBox mira a fidelizzare i clienti, con l'obiettivo di evolvere verso uno spazioplano, un'impresa che richiede centinaia di milioni di euro. La BentoBox, invece, richiede solo decine di milioni di euro, rendendo più facile la decisione di acquisto.

Abbassare la barriera all'ingresso permette a più persone di partecipare e fare qualcosa nello spazio. Attualmente, stiamo commercializzando la capacità della BentoBox non solo per il nostro veicolo, previsto per il 2026, ma anche per altre opportunità di mercato.

Questa iniziativa è diventata realtà grazie alla selezione nel programma ESA ScaleUp, che supporta la costruzione della customer base, ovvero l'acquisizione di clienti, e aiuta a ridurre il rischio di mancato heritage. Questo programma co-finanzia fino all'80% del prezzo offerto al cliente pagante.

In definitiva, questo aiuta a creare fiducia nell'operato di nuovi attori di mercato, come le startup, e a sostenere la fiducia degli investitori che offrono supporto finanziario, convinti che ci saranno clienti disposti a comprare e pagare. Inoltre, il fatto che un'agenzia spaziale creda nella nuova realtà imprenditoriale conferisce affidabilità e induce fiducia sia nel mercato che negli investitori.

9 Siamo pronti per la quinta rivoluzione industriale?

Veronica La Regina Ingegnere Elettronico, Director General in Space Cargo Unlimited vanta una formazione accademica multi-disciplinare (Ingegneria, Economia, Giurisprudenza) ed un illustre percorso professionale, e i suoi contributi di spaziano da pubblicazioni, a progetti di ricerca, mentorship, advising e coaching all'interno di reti di spicco nel campo dell'esplorazione spaziale e dell'innovazione. Più recentemente è anche consulente della Banca di Sviluppo Intra-Americana per gli Affari Spaziali, sostenendo principalmente la Presidenza colombiana nella creazione dell'Agenzia Spaziale Nazionale.

10

Alimentazione del futuro su altri pianeti

Giorgia Pontetti

Riassunto Il cibo è una parte molto importante delle nostre vite e della nostra cultura. Con così tanta varietà disponibile sulla Terra, è difficile immaginare di dover scegliere i pasti o di essere limitati nell'esperienza culinaria quando ci si imbarca in una missione spaziale di lunga durata. Il cibo in orbita non deve solo essere nutriente, ma deve essere appetitoso e volto a soddisfare le esigenze nutrizionali di ogni membro dell'equipaggio, rispettando i requisiti di sicurezza alimentare, minimizzando lo spazio di stoccaggio e aumentando le opzioni di preparazione. Sono necessari nuovi sistemi alimentari. Nelle future missioni di lunga durata e nelle future missioni commerciali nello spazio sarà necessario coltivare e produrre in situ molti degli alimenti per garantire che il sistema supporti la salute e le prestazioni dell'equipaggio attraverso le sfide dell'esplorazione. A partire dalle futuristiche applicazioni su Marte, questo articolo mostra prospettive future sostenibili per il nostro Pianeta ed in linea con gli obiettivi SDG dell'Agenda ONU 2030 confermando ancora una volta che le ricerche e sperimentazioni nello spazio continuano a migliorare la vita di tutti noi sulla Terra. L'agricoltura idroponica in ambiente confinato e controllato si mostra promettente non solo per i futuri viaggi sulla Luna, ma anche come alternativa sostenibile per sfamare una popolazione mondiale in crescita ed espansione.

G. Pontetti (✉)
G & A Engineering e Ferrari Farm Soc, Oricola (AQ), Italy

© The Author(s), under exclusive license to Springer Nature Switzerland AG 2025
P. Caraveo, A. Nassisi (Curatori), *Donne fra le stelle*,
https://doi.org/10.1007/978-3-031-83823-1_10

10.1 Introduzione

L'esplorazione dello spazio profondo e la colonizzazione di altri corpi celesti richiedono moduli spaziali di nuova generazione in grado di sostenere per lunghi periodi la vita degli astronauti garantendone la sopravvivenza ed il benessere in situazioni di isolamento dalla Terra e senza missioni di rifornimento.

La disponibilità di risorse vitali primarie, quali ossigeno, acqua e cibo rappresenta un fattore critico per la realizzazione di viaggi spaziali di lunga durata e senza un rifornimento periodico da Terra.

10.2 Nuovi sistemi alimentari per lo spazio

Le future missioni spaziali di lunga durata oltre l'orbita terrestre bassa presentano sfide per la qualità del cibo, la varietà e la stabilità dei nutrienti.

Attualmente quando gli astronauti "si siedono a tavola" si limitano ad aggiungere ai loro piatti acqua calda o fredda che li riporti allo stato normale, ma i cibi sono tutti precotti e disidratati perciò privi di molte vitamine e proteine; diciamo che gli astronauti oggi non hanno grande possibilità di scegliere e variare il menù come facciamo noi quando siamo a casa e per tale motivo gli astronauti stessi confrontano spesso la loro esperienza alimentare nello spazio con quella del campeggio, dove tutto è preconfezionato.

> *"Se sei in grado di fare una vacanza in campeggio sei in grado di mangiare nello spazio".*

Se pensiamo, però, a ciò che la scienza immagina oggi, e quindi alla colonizzazione di nuovi pianeti, a missioni sulla Luna e su Marte, dobbiamo necessariamente ripensare l'intero sistema alimentare degli astronauti. Oggi tipicamente sulla Stazione Spaziale Internazionale abbiamo missioni di rifornimento che riforniscono l'equipaggio con il cibo necessario, ma se pensiamo ad una missione su Marte è impensabile avere una missione di rifornimento.

Sorge spontaneo domandarsi: Come facciamo a nutrire, non solo in termini strettamente nutrizionali, un equipaggio di 6 astronauti in una missione di 3 anni, a distanza di 128 milioni di chilometri dalla Terra, senza le possibilità alle quali siamo abituati sulla Terra di avere serre, negozi, supermercati, fattorie, terreno fertile e senza poter contare su missioni di rifornimento?

Per rispondere a questa domanda è necessario pensare a nuovi sistemi alimentari per lo spazio.

Quanto più lunga è la missione, tanto più importante diventa ottenere un sistema alimentare di qualità che sia nutriente, sicuro e gustoso.

Attualmente si stima necessaria una shelf-life di cinque anni per gli alimenti destinati ad una futura missione su Marte, il che vuol dire poter mantenere nutriente e sano un alimento per cinque anni.

Il sistema attuale pensato ad esempio dalla NASA per l'alimentazione degli astronauti vede un menù di 65 cibi termostabilizzati; di questi 65 alimenti differenti solamente 7 rimangono "palatabili" dopo 5 anni di conservazione, ovvero risultano buoni al palato, ma non è detto che abbiano il carico nutrizionale atteso.

Noto questo problema, la NASA, quindi, ha sponsorizzato un progetto denominato "Advanced Food System" teso a cercare nuove soluzioni per un nuovo sistema alimentare sotto tutti i punti di vista: nuove soluzioni per estendere la shelf-life dagli attuali 18 mesi ai necessari 5 anni, ma anche nuove soluzioni per cambiare le abitudini alimentari dell'equipaggio.

Esiste la necessità di un nuovo sistema tecnologico alimentare che offra sapori e ricette interessanti e che consenta non solo di progettare cibi nutrienti, ma anche di rendere l'atto di mangiare un'esperienza piacevole; il cibo ha un ruolo multidimensionale e multisensoriale per l'uomo per cui le caratteristiche sensoriali, edonistiche e sociali del mangiare e del food design non devono essere sottovalutate in una missione di lunga durata come quelle sulla Luna o su Marte.

Il cibo non è soltanto ingerire qualcosa che ci fornisce i nutrienti di cui abbiamo bisogno per compiere un'operazione, il cibo è anche convivialità, il cibo è sentirsi a casa, il cibo sono abitudini che non vanno perse e che fanno parte del benessere psicologico dell'equipaggio. Essere in salute non vuol dire essere solo in salute fisica, vuol dire essere anche in salute mentale, vuol dire benessere a 360 gradi con un approccio olistico.

C'è oltretutto da pensare, e questo è un po' provocatorio, al fatto che nei futuri viaggi spaziali gli utenti target si diversificheranno, non avremo solo astronauti, ma anche clienti paganti che potranno prenotare una vacanza spaziale. Per creare le giuste condizioni per i viaggi spaziali e soddisfare questi utenti, è necessario che la progettazione del cibo spaziale sia guidata dalla necessità non solo di migliorare l'ingestione dei nutrienti necessari, ma di rafforzare il morale ed aumentare la produttività. Il cibo non ha solo uno scopo nutrizionale, ma è necessario a garantire il benessere personale ed emotivo.

10.3 Serre spaziali

Parlando di cibo in termini spaziali, ovviamente non si può prescindere dal parlare di serre spaziali.

La produzione di cibo fresco, infatti, si mostra come un fattore indispensabile per qualsiasi colonia futura lontana dalla Terra. Un sistema alimentare biorigenerativo in cui tutte le risorse sono fornite e prodotte "in situ" con un rifornimento minimo o nullo dalla Terra, presenta molti vantaggi rispetto agli alimenti disidratati preconfezionati che solitamente mangiano gli astronauti. Oltre alla necessità di portare meno cibo a bordo, uno dei principali vantaggi del cibo fresco rispetto al cibo disidratato è la ritenzione di nutrienti essenziali per la salute umana, in particolare antiossidanti come la vitamina C e il β-carotene, entrambi parzialmente ridotti o completamente distrutti nel processo di disidratazione. Sebbene si possano prendere in considerazione integratori supplementari, il cibo fresco fornisce una biodisponibilità molto migliore dei nutrienti nel corpo umano, mediata da una complessa gamma di altri composti presenti e diminuisce ulteriormente la necessità di fare affidamento sui rifornimenti da Terra per i requisiti dietetici essenziali. L'atto stesso di coltivare cibo fresco, inoltre, ha un grande impatto positivo sul benessere mentale dei coloni; è stato ripetutamente dimostrato che praticare attività di giardinaggio è un significativo ed efficace alleviatore di stress, ansia e depressione e gli stessi astronauti in passato hanno espresso profonda soddisfazione nel prendersi cura delle piante nello spazio.

10.4 Coltivazione idroponica

Se è vero, quindi, che nel prossimo futuro un gran numero di persone potrà andare sulla Luna o su Marte, le future esplorazioni spaziali umane richiederanno la produzione di cibo fresco durante le missioni. Parlare di agricoltura nello spazio, però, comporta necessariamente un ripensamento rispetto alle coltivazioni tradizionali cui siamo abituati sul nostro pianeta e quindi nella terra. È necessario tenere in considerazione la necessità di coltivare senza terra, e qui entra in gioco la coltivazione idroponica. La parola idroponica suona come fantascientifica, ma in realtà è una parola greca antica quanto le piramidi, che vuol dire sfruttare il lavoro dell'acqua, ovvero utilizzare l'acqua per il trasporto dei sali minerali necessari alla crescita ed allo sviluppo delle piante prescindendo dall'utilizzo del terreno.

La coltivazione idroponica (fuori suolo) in serre sterili, ermetiche e computerizzate consente la produzione di alimenti di alta qualità nello spazio, consentendo l'integrazione della dieta degli astronauti con alimenti freschi, altamente nutritivi fornendo maggiore nutrimento e varietà.

Si può passare dal concetto di cibo portato nello spazio al concetto di cibo prodotto localmente e consumato localmente nello spazio.

10.5 Cibo spaziale del futuro

Parlando di agricoltura spaziale, però, non è sufficiente pensare all'agricoltura idroponica, ma è necessario immaginare di realizzare un ambiente che sia completamente artificiale e completamente sotto controllo, ovvero realizzare un sistema computerizzato in grado di gestire, comandare e controllare un clima artificiale in termini di temperatura, umidità, CO_2, ossigeno e così via, luce artificiale, un sistema di nutrizione artificiale che ci consenta di coltivare ad altissima densità, con altissime rese, senza utilizzare trattamenti chimici.

Si parla tecnicamente di CEA Controlled Environment Agriculture, ovvero agricoltura in ambiente controllato e confinato.

Parlando di serre spaziali è necessario tenere in considerazione l'ambiente spaziale, un ambiente ostile, ricercando specie che siano resistenti. A tale scopo la NASA ha identificato una lista di dieci vegetali pronti per essere mangiati appena raccolti che potrebbero essere un primo passo avanti verso una nuova forma di alimentazione per gli astronauti.

In ogni progetto, design o concept attuale circa i villaggi lunari od i villaggi marziani del futuro sono sempre presenti moduli serra che si mostrano parte imprescindibile del concetto di villaggio su un altro pianeta.

Personalmente, però, mi piace pensare che non sia solo questo il cibo spaziale del futuro.

Nella continua ricerca di nuovi modi per fornire nutrienti e varietà alimentare agli astronauti in missioni di lunga durata un'altra possibilità in rapido sviluppo è quella di costruire cibo da zero grazie alla stampa 3D di alimenti in grado di creare strutture tridimensionali commestibili strutturate e personalizzabili.

Nel settore spaziale la tecnologia di stampa 3D potrebbe risolvere molti problemi e limiti degli attuali approvvigionamenti alimentari e nel contempo fornire numerosi vantaggi, quali risparmio di energia e risorse, risparmio di spazio all'interno della navicella spaziale, disponibilità di numerose varietà di ricette alimentari sotto forma di ingredienti di base offrendo all'equipaggio la possibilità di personalizzare e preparare i pasti, riduzione dei tempi e degli sprechi, diversificazione dei sapori alimentari consentendo all'equipaggio di scegliere secondo i propri gusti e le proprie abitudini.

Personalizzare la dieta degli astronauti e la sua versatilità potrebbe migliorare significativamente la varietà e qualità alimentare durante i viaggi spaziali, nonché consentire lo sviluppo di alimenti più sicuri, nutrienti ed accettabili, prodotti in modo preciso, controllato e ripetibile da una macchina in grado di garantire la sicurezza alimentare.

Siamo abituati a sentire parlare di carne stampata in 3D, ma non è solo questo!

Le piante offrono una validissima alternativa rispetto alle proteine della carne e sono in grado di essere stampate in 3D grazie alla tecnica del 3D bio-printing.

In analogia con le cellule animali e con prerogative superiori legate alla varietà di molecole utili alla salute in esse contenute le cellule vegetali possono essere coltivate in contenimento ed in condizioni controllate e rappresentare una biomassa alimentare innovativa fresca e di qualità.

Il 3D-bio-Printing consente di realizzare alimenti "on demand" progettati su misura per soddisfare i fabbisogni giornalieri degli astronauti calibrati sulla base delle reali necessità, dotati dell'opportuna consistenza ed annullando lo scarto.

Stampando in 3D si può partire da ingredienti secchi che possono potenzialmente avere una shelf-life molto elevata e che mixati fra di loro possono dar vita a migliaia di ricette differenti, potendo pre-progettare menù di nuova generazione.

Sono convinta che i nuovi sistemi alimentari spaziali del futuro debbano prevedere l'integrazione di diverse tecniche per generare, processare ed ottenere il cibo. Non si tratta solo di coltivare piante o stampare cibo nutriente in 3D, ma si tratta di rendere il pasto un momento di convivialità, tradizioni, ricordo di "casa".

10.6 Da dove nasce il mio interesse

Credo sia giunto il momento di dire chi sono e cosa faccio. Sono un ingegnere elettronico ed ingegnere astronautico con una passione smisurata per la natura e la tecnologia. Qualche anno fa in una conferenza spaziale sentii parlare per la prima volta delle coltivazioni idroponiche per le future missioni su Marte. Una volta tornata a casa mi sono documentata scoprendo che la tecnica di coltivare con l'acqua senza la terra era una tecnica antichissima usata per migliaia di anni dai Babilonesi, dagli Aztechi, dai Maya, dagli Egizi.

Questa stessa tecnica è stata diffusamente utilizzata nel periodo della Seconda Guerra Mondiale, quando sia i giapponesi che gli americani coltivavano utilizzando la tecnica idroponica che era l'unica che all'epoca permetteva di sfamare in qualche modo le truppe.

Dopodiché sembrerebbe essere stata abbandonata ed utilizzata solo per scopi di ricerca.

L'aver sentito parlare di idroponica per le future colonie umane su Marte ed averla ritrovata sin dagli albori della storia dell'uomo ha acceso in me una scintilla, e mi sono detta: se siamo soliti operare l'uomo all'interno di sale operatorie che sono camere bianche ovvero camere pulite, siamo soliti nell'aerospazio costruire satelliti o parti spaziali all'interno di camere pulite, perché non coltivare le piante all'interno di camere pulite? In questo modo si ricrea un clima completamente artificiale, facilmente comandabile e controllabile ed un ambiente completamente svincolato da ogni fattore ambientale esterno.

Se pensiamo ai mutamenti climatici in atto, alla sovrappopolazione, all'esodo massiccio dalle zone rurali verso i centri abitati, alla crescente desertificazione ed ad una concorrenza di altri fattori, le stime future ci dicono che nel 2050 avremo tantissimi cittadini e nessun agricoltore.

Come faremo a sfamare la popolazione mondiale?

Non si tratta solo di sostentare un equipaggio in una missione verso Marte, ma si tratta di affrontare un problema incipiente sul nostro pianeta.

Mi sono quindi detta:

"Se si può fare su Marte, si deve fare sulla Terra".

È rinomato come tutte le tecnologie più innovative e dirompenti realizzate per applicazioni nello spazio trovino poi grandissime ricadute a Terra nella vita di tutti i giorni, per poi magari essere nuovamente migliorate e tornare dalla Terra nello spazio come improvement.

10.7 Ferrari Farm

Così nasce Ferrari Farm, l'unione dell'agricoltura tradizionale con l'agricoltura del futuro.

Coltiviamo con metodo biologico solo varietà autoctone di frutta e verdura e siamo custodi e tutori di biodiversità, ma a partire dalle futuristiche applicazioni su Marte, abbiamo progettato e realizzato un impianto di coltivazione idroponica unico in Europa, ermetico, sterile e totalmente computerizzato.

Figura 10.1 Ferrari Farm vista da un drone

Figura 10.2 Ferrari Farm piante idroponiche

I nostri impianti sono costituiti da 2 serre a vetri che utilizzano la luce del sole, ed 1 fitotrone completamente illuminato a LED (con lampade speciali da noi progettate e costruite) per coltivazioni idroponiche verticali (Figure 10.1 e 10.2).

Coltivando in queste serre non c'è mai nessun tipo di scambio con l'ambiente esterno, permettendo produzioni indipendenti dalle condizioni climatiche e dall'inquinamento ambientale senza immissioni in atmosfera.

Coltivando in assoluta sterilità non ricorriamo a nessun trattamento chimico/fitosanitario avendo eliminato alla radice il problema delle malattie e dei patogeni.

Coltiviamo pomodoro e basilico a ciclo continuo tutto l'anno, senza trattamenti sanitari, prescindendo dalla stagione, rispettando l'ambiente, ottenendo altissima densità ed altissima qualità (Figure 10.3 e 10.4).

La nostra peculiarità è la RICETTA di COLTIVAZIONE ELETTRONICA: in ogni istante, tutti i giorni e per tutta la vita della pianta, un sistema

Figura 10.3 Ferrari Farm pomodori idroponici

Figura 10.4 Ferrari Farm basilico idroponico

computerizzato automatico comanda e controlla l'intera coltivazione. Con questa soluzione chiunque può coltivare a km 0, sulla Terra e nelle future missioni su altri Pianeti!

L'idroponica in serre sterili, ermetiche e computerizzate risponde a numerosi obiettivi dell'Agenda ONU 2030 in termini di sviluppo sostenibile e si mostra veramente come una tecnologia da affiancare all'agricoltura tradizionale.

Confesso sono un agricoltore "adottato" ed appassionato, ma resto pur sempre un ingegnere e mi piace la tecnica, per cui sono detta: ok, abbiamo realizzato 3 serre innovative da 100 metri quadrati l'una che possono essere replicate N volte in grande, ma se volessimo ridurre le dimensioni e portare la coltivazione direttamente nelle case?

Da qui è nata l'idea, grazie al brevetto di Ferrari Farm e con la tecnica della mia azienda G & A Engineering che opera nel settore degli apparati speciali per aerospazio e difesa, di miniaturizzare le serre di Ferrari Farm per dare vita ad una serie di prodotti innovativi.

Figura 10.5 Microgreens inside Hydrowall Home Vertical Farm e RobotFarm Kitchen Cultivator

È nato così l'elettrodomestico del futuro, una serra idroponica automatica per la casa capace di coltivare direttamente in cucina microgreens, vegetali da foglia, spezie, varietà nane e così via (Figura 10.5).

Durante il periodo della pandemia da Covid 19 abbiamo realizzato una vertical farm idroponica nelle dimensioni di una fioriera, per ottenere coltivazioni ad altissima densità ed altissime rese in casa o nei ristoranti (Figura 10.5).

Grazie alla Regione Lazio, insieme ad ENEA ed all'Agenzia Spaziale Italiana, abbiamo realizzato SOLE un dimostratore a terra di serra spaziale, con il quale abbiamo dimostrato che modificando e migliorando le ricette di luce possiamo ottenere rese più veloci (Figura 10.6).

Per la Difesa abbiamo realizzato il primo container vertical farm a livello NATO pensato per il sostentamento delle truppe in scenario operativo, in

Figura 10.6 SOLE Space Greenhouse

10 Alimentazione del futuro su altri pianeti

Figura 10.7 Container Vertical Farm

grado di generare un ambiente artificiale completamente sterile al suo interno partendo da un ambiente esterno operativo contaminato (Figura 10.7).

All'interno di questo container vertical farm abbiamo coltivato e messo a punto ricette di coltivazione per microgreens dal potere nutraceutico, zafferano di grado farmaceutico, nonché varietà nane di vegetali (Figura 10.8).

Infine, per non farci mancare nulla, ci siamo dedicati alla stampa 3D di cibo ed abbiamo da poco ultimato un progetto di ricerca che ha visto la realizzazione di una stampante 3D alimentare in grado di stampare caramelle, piuttosto che confetti, barrette, cioccolatini ... di nuova generazione realizzati a partire dalle bucce di frutta che vengono scartate nei processi industriali di produzione delle confetture (Figura 10.9).

Diamo vita a nuovi prodotti salutari a partire da materia prima di scarto di altre lavorazioni, tenendo a cuore l'economia circolare preziosa nel nostro pianeta, ma anche nei futuri avamposti umani su altri pianeti.

Mi piace ricordare, infine, che grazie all'ASI sono state create le condizioni affinché Ferrari Farm potesse portare in orbita, già nel 2011 con la missione

Figura 10.8 Cultivations inside Container Vertical Farm

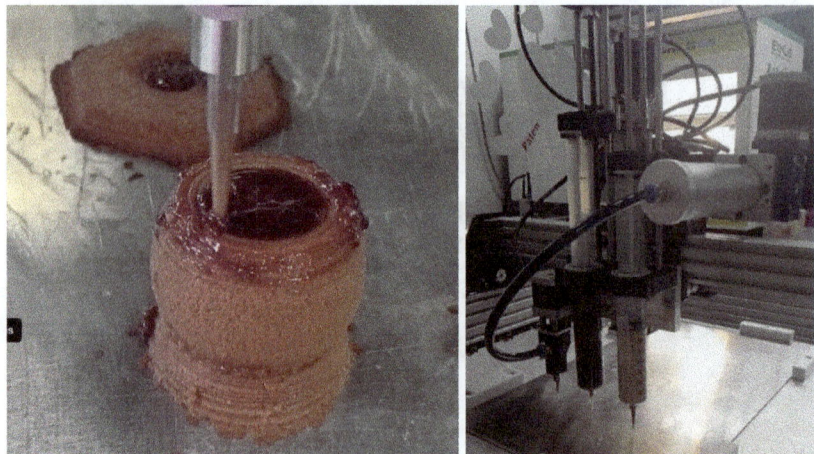

Figura 10.9 3D Food Printer

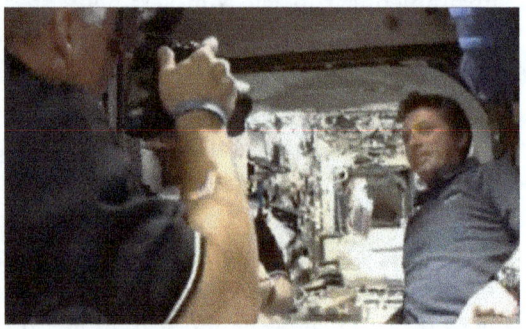

Figura 10.10 Sarcollis Gustatio a bordo della ISS. (Credito NASA)

STS-134, un primo pasto sulla ISS, la salsiccia tipica del Cicolano ribattezzata per la missione "Sarcollis Gustatio" (Figura 10.10).

10.8 Conclusioni

Oggi Ferrari Farm, non ha nello Spazio il suo core business ma vede in esso una promettente linea di business e soprattutto un'opportunità di Innovazione e di trasferimento a terra di tecnologie e processi produttivi più efficienti e sostenibili, continua ad investire nella ricerca per lo spazio, collabora con diversi enti di ricerca e grazie ad ASI ed ESA ambisce a realizzare serre lunari e stampa 3D di alimenti spaziali.

Il cibo spaziale mostra numerose sfide da affrontare: come coltivare il cibo, come migliorare il packaging, come minimizzare gli effetti delle radiazioni che agiscono sul cibo conservato, sui semi, sulle piante, selezionare le specie più idonee per progettare una dieta spaziale che sia bilanciata e poi, quali sono le apparecchiature di cui abbiamo bisogno, ovvero come sarà la cucina di domani nello spazio per poter processare ciò che abbiamo coltivato e raccolto, poterlo conservare e così via.

Desidero concludere con una citazione che trovo molto pertinente con il mio percorso professionale

"È sempre cercando l'impossibile che abbiamo raggiunto quello che è possibile".

Ho imparato che quando tutti cominciano a dirti NO, vuol dire che forse c'è una speranza che sia SI e che il tuo sogno possa davvero realizzarsi.

Giorgia Pontetti classe 1977, ingegnere elettronico, ingegnere astronautico, giornalista pubblicista.

CEO di Ferrari Farm una azienda agricola multifunzionale innovativa con coltivazioni idroponiche uniche in Europa, CEO di G & A Engineering centro di ricerca per la microelettronica per applicazioni spaziali e PMI Innovativa operante nel settore degli Apparati Speciali per aerospazio e difesa.

Vice presidente e segretario della commissione "Space Exploration" presso l'Ordine degli Ingegneri della provincia di Roma, Vicepresidente della DMO RESTART Rieti-Anima Reatina, membro del board di Woman 4 Cyber Italia.

11

Tornare sulla Luna per restarci!

Barbara Negri

Riassunto Gli attuali progetti di esplorazione umana e robotica sono principalmente indirizzati alla realizzazione della stazione spaziale Gateway orbitante intorno alla Luna e di un avamposto permanente umano sulla sua superfice. Tutto questo servirà per prepararci ad una sfida più ambiziosa, che è quella di portare l'uomo su Marte. Il programma Artemis per la Luna permetterà di studiare l'ambiente ostile lunare, senza atmosfera, senza campo magnetico e con la presenza di radiazioni pericolose, con escursioni termiche estreme e con una gravità molto ridotta. In questo modo, si potranno realizzare le contromisure necessarie per proteggere gli astronauti dalle radiazioni e permettere la loro sopravvivenza. La grande distanza della Luna dalla Terra pone non solo seri problemi logistici da risolvere, ma anche il rischio rappresentato dal confinamento e isolamento che gli astronauti dovranno affrontare. Sulla ISS, distante circa 400 km, gli astronauti possono affacciarsi dalla cupola e guardare la Terra; dalla Luna, distante circa 380.000 km, la Terra apparirà invece con le dimensioni di una pallina da tennis. La futura esplorazione di Marte non avrà solo l'obiettivo di cercare indizi sull'origine della vita sulla Terra, ma anche di studiarne l'evoluzione per capire come salvaguardare il nostro pianeta da un destino simile.

B. Negri (✉)
Human flight and scientific experimentation, Italian Space Agency (ASI), Roma, Italy
e-mail: barbara.negri@asi.it

11.1 Introduzione

Cominciamo con quello che forse ha stimolato maggiormente la mente e le speranze degli uomini sulla Terra: vedere camminare un uomo sulla Luna. Credo che questo rimarrà il passo più importante nello sviluppo della nostra specie. È qualcosa di fondamentale, che è parte anche del nostro DNA, perché la nostra specie – l'homo sapiens – da quando è uscita dall'Africa, ha perseguito soprattutto un bisogno, quello di capire "*cosa c'era là dietro, cosa c'era oltre*".

Ed è proprio la curiosità quello che ha permesso alla nostra specie di avere un'evoluzione veloce, favorita in particolar modo dal supporto della tecnologia. L'uomo sapiens ha cominciato a usare gli utensili, cosa inusuale per le altre specie – ormai sappiamo che ce ne sono state molte altre oltre il Neanderthal – e infatti nessuna altra specie è riuscita ad arrivare dove siamo arrivati noi. Sicuramente, la curiosità e il bisogno di esplorare sono state spinte importanti per la nostra evoluzione, che hanno contribuito a dare anche una visione del mondo più grande, più allargata. E questo, naturalmente, al di là della scoperta scientifica, è proprio il modo corretto di affrontare le cose e una base su cui progredire nell'evoluzione.

11.2 La Luna

La Luna è stata conquistata alla fine degli anni '60 e abbandonata poco dopo l'inizio degli anni '70 (fig. 11.1). Infatti, dopo l'ultima missione Apollo nel 1972, nessun uomo ha più messo piede sulla Luna. Siamo, però, pronti a tornarci nuovamente, ma questa volta per restarci.

La Luna non rappresenta più una tappa intermedia, come pensava Wernher Von Braun, che era convinto della possibilità di portare l'uomo su Marte dopo

Figura 11.1 Missione Apollo. (Credito: NASA)

soli 15 anni dalla conquista della Luna. Ora, sappiamo bene che sarà molto difficile poter portare astronauti su Marte prima dei prossimi anni '40.

Adesso torneremo sulla Luna per restarci. La sfida è incredibilmente più difficile di qualunque altra sfida che l'uomo abbia affrontato. Perché la Luna si trova a 380.000 chilometri dalla Terra ed è un ambiente ostile, senza atmosfera, senza campo magnetico, con escursioni termiche estreme e con una gravità molto ridotta. Dobbiamo trovare delle contromisure per proteggere gli astronauti dalle radiazioni e implementare una logistica adeguata alla loro sopravvivenza.

Il programma Artemis della NASA, chiamato così in riferimento ad Artemide, la sorella di Apollo, metterà a punto tutta una serie di tecnologie finalizzate a preservare la vita umana in un ambiente estremo. Sarà una sfida molto diversa da quella affrontata per l'abitabilità della Stazione Spaziale Internazionale (ISS), che sappiamo essere un ambiente abbastanza sicuro e protetto. Inoltre, la ISS si trova a soli 400 chilometri dalla Terra ed è facile andare e venire con una certa frequenza. Si presenta un problema grave? C'è sempre una navetta collegata e pronta che ti riporta giù!

Anche per il programma Artemis, che realizzerà una base permanente sulla Luna, ci sarà il supporto di una stazione spaziale orbitante cis-lunare, il Gateway (fig. 11.2). Si tratta di un progetto più semplice rispetto alla stazione spaziale in orbita attorno alla Terra. Sarà una stazione spaziale più piccola, più o meno 125 metri cubi, con 7 moduli, mentre quella in orbita attorno alla Terra è composta da 16 moduli ed è di circa 360 metri cubi. Quindi, il Gateway sarà decisamente più piccolo, più o meno un terzo della ISS.

L'Italia ha un importante know-how tecnologico su tre attività chiave per il futuro Gateway: i moduli abitativi, i moduli che forniscono i servizi (refueling, telecomunicazioni, ecc.) e i moduli logistici (magazzini per rifornimenti). L'Italia dimostrerà nuovamente le proprie competenze nella realizzazione dei moduli, come ha fatto per la ISS, in cui il 50% dei moduli sono made in Italy. Siamo bravi e continueremo a farlo!

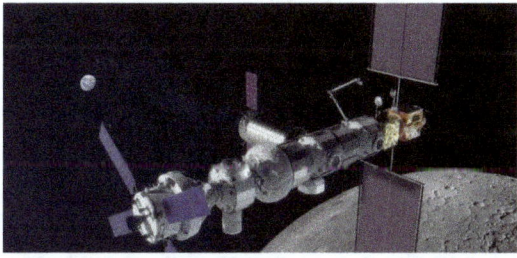

Figura 11.2 Gateway. (Credito: NASA e ESA)

Il programma Artemis è complesso e molto articolato. È iniziato con la realizzazione del Space Launch System (SLS), il nuovo potente razzo realizzato dalla NASA, senza il quale la Luna non è raggiungibile in una manciata di giorni. Per le missioni Apollo, la NASA aveva realizzato il razzo Saturn 5, ma quando gli Stati Uniti hanno annunciato di voler tornare sulla Luna dopo circa 50 anni la NASA ha realizzato che i progettisti del Saturn 5 o erano già morti o, comunque, erano estremamente anziani, ma soprattutto che la documentazione del progetto non era stata salvaguardata. Quindi, si è dovuto ripartire da zero! Ed è costato moltissimo in tempo e denaro, un vero "bagno di sangue" per la NASA. Con la missione Artemis 1 lanciata con successo a novembre 2022 il SLS ha fatto il suo volo inaugurale insieme alla capsula Orion equipaggiata con manichini di forma umana provvisti di sensori per testare le condizioni a cui saranno sottoposti gli astronauti nelle missioni successive.

Ad aprile 2026 è stato pianificato il lancio della missione Artemis 2, che porterà quattro astronauti in orbita intorno alla Luna per 10 giorni. Sono tre americani e un canadese, e dei tre astronauti americani uno è una donna. Ma il vero *clou* del programma avverrà un anno dopo, nel 2027, con la missione Artemis 3, che porterà sulla superficie della Luna due astronauti americani, un uomo e una donna per circa una settimana. È il caso di segnalate che nelle sei missioni Apollo con astronauti non c'erano donne. Ma, al di là della Luna, negli anni '60 e '70 non c'erano proprio donne astronaute nella NASA.

L'ambiente lunare è molto complesso e ostile. Oltre al cibo, ai rifornimenti in generale e al propellente che devono essere portati dalla Terra, gli astronauti dovranno affrontare condizioni ambientali estreme.

Sulla Luna abbiamo escursioni termiche enormi, arriviamo a temperature di giorno di ben oltre i 100 °C e a temperature notturne intorno ai −140 °C; se andiamo, poi, nei crateri al polo sud della Luna si arriva a temperature di −250 °C.

L'handicap più grande, però, è rappresentato dal ciclo lunare: per quattordici giorni abbiamo la luce e per quattordici giorni abbiamo il buio. Inoltre, non c'è atmosfera e di conseguenza mancano gli elementi essenziali per la sopravvivenza dell'astronauta. La notizia positiva è che sulla Luna c'è gravità, anche se è un sesto di quella terrestre; quindi, non si tratta di un ambiente in microgravità molto ostile per la fisiologia umana, come è invece sulla ISS.

Sulla Luna abbiamo anche una differente pressione e quindi gli astronauti dovranno indossare tute per compensarla. Però c'è acqua: acqua sotto forma di permafrost e acqua sotto forma di ghiaccio. Infatti, sono stati avviati importanti studi e ricerche tecnologiche per estrarre in qualche modo questa acqua, anche dalle rocce lunari che la contengono, perché sappiamo che senza acqua possiamo andare poco lontano.

Figura 11.3 ESA's lunar habitat concept. (Credito ESA)

C'è, poi, un altro grande problema da risolvere, oltre a quello della nutrizione, che al momento rappresenta un handicap forte per una permanenza prolungata dell'uomo sulla Luna, ed è quello delle radiazioni. Sulla Terra siamo doppiamente protetti, abbiamo un'atmosfera che fa da barriera alle radiazioni, ma abbiamo soprattutto un campo magnetico che deflette le particelle pericolose, i raggi cosmici e le radiazioni ionizzanti. Sulla Luna, invece, abbiamo bisogno di proteggere l'astronauta dalle radiazioni.

Lo possiamo fare in vari modi, il modo migliore sarebbe costruire un sistema attivo per lo schermaggio e deflessione delle particelle, in poche parole creare un campo magnetico artificiale, ma la tecnologia è completamente a zero, per ora. Esiste però uno schermo naturale, che è il suolo lunare. Si sta studiando la possibilità di realizzare una base permanente nel sottosuolo lunare, sfruttando i cunicoli scavati dalla lava, i *lava tubes* (fig. 11.3).

Un'abitazione sulla Luna, realizzata in una lava tube che offre un buon sistema di schermaggio naturale dalle radiazioni, avrà luce artificiale e un sistema di areazione, sarà dotata di serre per la crescita delle piante e di tutto quello che serve per sopravvivere.

Una base permanente sulla Luna avrà la necessità di coltivare per avere cibo fresco, ma abbiamo capito che in linea di principio è possibile, perché gli astronauti delle missioni Apollo riportarono diversi campioni di terreno lunare, che si chiama regolite. Ultimamente, si è provato con successo a far crescere una piantina molto adattabile, la Arabidopsis, sulla regolite lunare. Tra l'altro, si riesce a produrre sulla Terra anche la regolite sintetica, che viene utilizzata per fare simulazioni.

Nell'esplorazione umana della Luna dobbiamo tenere conto esiste un secondo rischio importante, che è rappresentato dal confinamento e isolamento dovuto alla grande distanza dalla Terra. Sulla ISS gli astronauti possono affac-

Figura 11.4 L'Astronauta Parmitano nella cupola sulla ISS. (Credito: ESA)

ciarsi dalla cupola e vedere la Terra sotto, addirittura possono anche individuare dove abitano (fig. 11.4)! La distanza è poca, sono 400 chilometri, più o meno la distanza fra Roma e Bologna. Invece, la Luna si trova a 380.000 km e da lì la Terra si vede grande come una pallina da tennis, quindi "casa" è davvero molto lontana. Dobbiamo prepararci ad affrontare anche i problemi psicologici causati dal distacco dalla Terra, perché la nostra specie è caratterizzata dal fatto che siamo animali sociali con anche forti radici culturali. Questo è un campo di ricerca nuovo, per il quale abbiamo compreso che bisogna agire da subito per proteggere la parte psicologica dei futuri astronauti.

Naturalmente, ci sono molti altri problemi legati alla grande distanza della Luna dalla Terra, che potrebbero non avere una soluzione percorribile nel caso accada qualcosa di imprevisto ed estremamente grave. Ad esempio, se un astronauta dovesse aver bisogno di un intervento urgente o di un'operazione o se si ammalasse gravemente.

In questi casi, come si farà ad agire e soprattutto in maniera veloce? C'è una parte di tecnologie innovative per la salute che si stanno sviluppando adesso e che riguardano l'automazione e la telemedicina.

Quindi, più sei lontano, più devi contare su sistemi autonomi e intelligenti. Le intelligenze artificiali, di cui io personalmente non ho assolutamente paura, se usate bene e nel modo corretto, ci aiuteranno.

11.3   Il pianeta Marte

Questi *hazard*, rischi di cui ho appena parlato, nel momento in cui saranno risolti con contromisure adeguate, permetteranno di portare la vita umana da un'altra parte, oltre la nostra Terra. La Luna è al momento solo una tappa intermedia. La NASA userà la Luna come un Pathfinder, quindi come un esperimento e sarà un laboratorio per testare l'adattabilità umana in un ambiente estremo e ostile.

Il vero obiettivo è oltre ed è Marte, che presenta problemi ancora maggiori a causa della sua grande distanza: quando i due pianeti, Terra e Marte, si trovano alla minima distanza, siamo a circa 55 milioni di chilometri da Marte: quando si trovano lontani, addirittura a 400 milioni di chilometri.

Le stesse telecomunicazioni risentono della distanza e, infatti, un segnale radio per arrivare dalla Terra a Marte impiega da 5 a 20 minuti a seconda della posizione reciproca fra i due pianeti.

Su Marte è presente una piccola atmosfera sottile e c'è una gravità, che è circa un terzo di quella della Terra. Però, anche lì esiste il problema delle radiazioni, perché, come la Luna, Marte non ha un campo magnetico che possa defletterle.

Inoltre, gli astronauti saranno ancora più esposti alle radiazioni, anche perché la durata del viaggio quando i due pianeti sono alla minima distanza è di circa sette mesi. Sette mesi per andare e altrettanti per tornare sulla Terra, ma dato che per tornare si devono aspettare le condizioni giuste, si deve mettere in conto almeno un anno di permanenza su Marte. Stiamo parlando di un periodo complessivo che va dai due anni e mezzo ai tre. E questo è veramente un problema per l'esposizione dell'uomo alle radiazioni.

Marte in passato non era così come lo vediamo ora. Sappiamo che Marte aveva acqua, aveva fiumi, laghi e oceani (fig. 11.5). La sua acqua l'ha persa! Tre miliardi di anni fa era un pianeta probabilmente molto simile alla Terra, ma un effetto serra devastante lo ha desertificato. Anche le radiazioni hanno fatto la loro parte, a causa della mancanza totale di un campo magnetico protettivo

Figura 11.5 Immagine del suolo marziano. (Credito: NASA)

per il pianeta. Marte non è riuscito a trattenere la sua atmosfera, ed è diventato il pianeta veramente "invivibile" che vediamo.

Quindi, più studiamo l'evoluzione di Marte, più potremmo capire come salvaguardare il nostro pianeta. Sono convinta che il destino della nostra Terra sia strettamente legato a quello che è accaduto o accadrà al nostro Sistema Solare e, pertanto, condividiamo la sorte dovuta all'evoluzione degli altri pianeti e della nostra stella, il Sole.

Per quanto riguarda l'esplorazione di Marte, al momento, l'uomo è sostituito da rover automatizzati e "intelligenti" che fanno carotaggio e hanno piccoli laboratori a bordo per l'analisi dei campioni raccolti. Il rover Perseverance sta addirittura preparando capsule con dentro materiale marziano da inviare poi sulla Terra (fig. 11.6). Si tratta del programma Mars Sample Return, estremamente complesso e costoso per la NASA. Prevede tre missioni: la prima effettuata per portare su Marte il rover Perseverance, una seconda per prendere i campioni che Perseverance ha incapsulato e che verranno immessi nell'orbita marziana, e la terza per riportare i campioni a Terra.

Quello che manca e che si sarebbe dovuto fare, era di lanciare la missione europea-russa ExoMars 2022, a cui l'Italia ha contribuito al 40% della sua realizzazione. Il lancio era previsto ad agosto 2022, ma a causa della guerra con l'Ucraina la collaborazione con i russi è stata bloccata. La missione ExoMars dovrà essere riprogettata per le parti che erano state realizzate da Roscosmos e volerà alla fine di questo decennio. A bordo, c'era uno strumento importantissimo, un trapano basato sull'heritage di quello che Amalia Ercoli Finzi fece

Figura 11.6 Rover Perseverance su Marte. (Credito: NASA)

realizzare per la missione Rosetta, ma molto più grande, che avrebbe dovuto trapanare a due metri di profondità il suolo marziano. Per la ricerca e studio dei campioni l'Italia aveva realizzato uno spettrometro, il MAMIS, miniaturizzato e inserito dentro il trapano. La finalità dell'esperimento era quella di cercare fossili di possibili microrganismi precursori della vita, perché Marte potrebbe avere la "chiave" per comprendere l'origine della vita sulla Terra. Ora, dovremo aspettare diversi anni, perché gli americani per ora non hanno una tecnologia simile a quella prevista su questa importante missione europea.

Recentemente, è stato scoperto che su Marte c'è acqua liquida; non c'è acqua liquida depositata a livello superficiale, ma c'è acqua a un chilometro e mezzo sotto la superficie di Marte. Naturalmente, questo si spiega col fatto che Marte era ben diverso nel tempo passato.

Gli scienziati si dilettano a fare proiezioni sulla possibilità di far tornare Marte come era all'inizio, cioè "terraformare" Marte. In linea di principio potrebbe essere possibile, ma ci vogliono tecnologie e investimenti impensabili: in 90 anni, investendo 500 miliardi di dollari americani, cominci a creare il primo step. Il secondo step prevede altri 120 anni e altri 700 miliardi di dollari da investire. Poi, altri 150 anni e altri 900 miliardi di dollari. E così avanti. Se fossero disponibili tutte le tecnologie necessarie, forse, in oltre 500 anni e con costi spaventosamente alti si potrebbe pensare di rendere Marte più ospitale e adatto alla vita umana, ma questa è più fantascienza che scienza!

Perché siamo interessati a Marte, visto l'ambiente così estremo e ostile? Siamo interessati a Marte per due motivi. Il primo motivo è perché vogliamo capire l'evoluzione di questo pianeta e l'altro è quello di realizzare una base poi permanente proprio lì. Marte ci può dare delle informazioni molto importanti su come è nata la vita sulla Terra, perché la teoria più accreditata che abbiamo al momento è la teoria della Panspermia, e cioè che la vita sulla Terra sia arrivata dal nostro stesso sistema solare.

Adesso, si sta pensando che la vita possa essersi originata nel mezzo interstellare, però sappiamo che il bombardamento di meteoriti e il passaggio di comete potrebbero aver portato la vita sul nostro pianeta o comunque gli elementi per poterla creare. Sappiamo come si è evoluta la vita sulla Terra, non come è arrivata. È ormai abbastanza certo che la vita sulla Terra si sia sviluppata nei camini sottomarini degli oceani. Era presente un'attività idrotermale molto forte, c'era ancora molta attività geotermica nelle profondità marine e quindi questi camini erano molto ossigenati, perché erano acque oligominerali, ed era l'ambiente giusto per permettere lo sviluppo dei primi microrganismi. Poi, sappiamo che la vita nata nel mare si è trasferita anche in superficie, con gli anfibi, i mammiferi e tutto il resto.

Si pensa che ci sia qualcosa di analogo nel nostro sistema solare. Le lune di Giove e di Saturno, gli Ocean Worlds, hanno ghiaccio che ricopre la superficie, ma potenti getti di geyser che fuoriescono al di sotto del ghiaccio e quindi dovrebbe esserci una zona idrotermale attiva. La luna di Saturno, Encelado, che presenta getti di geyser alti anche 10 km, è candidata a poter essere un ambiente primordiale che riproduce il meccanismo di come è nata la vita sulla Terra.

C'è una missione che sta andando a Giove, JUICE, lanciata ad aprile del 2023, che arriverà in circa sette anni al sistema delle lune ghiacciate di Giove. Si sta pensando anche alla realizzazione di una missione con la NASA per lo studio di Encelado.

Uscendo dal nostro sistema solare, c'è un'altra notizia importante che riguarda il sistema stellare più vicino al nostro, Alpha Centauri, formato da due stelle brillanti in sistema binario, Alpha Centauri A e B, e da una terza stella nana rossa piccola e fredda, Proxima B.

È un sistema con tre stelle! Intorno a Proxima Centauri distante dalle altre due stelle, i satelliti che cercano esopianeti hanno identificato un pianeta che gli orbita intorno con un ciclo di undici giorni. Il pianeta è roccioso ed è stato chiamato Proxima B, e si trova nella fascia di abilità della sua stella. Questo vuole dire che sta a una distanza tale dalla sua stella, che, se ci fosse acqua su quel pianeta, sarebbe allo stato liquido. Condizione base per la vita di tipo terrestre! A questo punto, Proxima Centauri e il suo pianeta sono candidati come potenziale sistema abitabile di tipo terrestre. Ed è anche il posto più vicino alla Terra oltre il nostro sistema solare, a soli 4.2 anni luce.

11.4 Conclusioni

Il futuro lo creiamo noi e avere già identificato degli obiettivi da raggiungere permette alla tecnologia di avanzare rapidamente. Tutto questo perché la nostra specie vuole sopravvivere. L'astrofisico Stephen Hawking ha detto che se la nostra specie vorrà sopravvivere dovrà farlo da qualche altra parte.

Sappiamo che la Terra prima o poi morirà, perché il nostro Sole diventerà una gigante rossa e si espanderà fino a metà del sistema solare. Questo avverrà fra qualche miliardo di anni, ma purtroppo stiamo incidendo già sulla salute del nostro pianeta e accelerando processi negativi irreversibili. È molto probabile che in una distanza temporale minore, potremmo trovarci in una situazione di grande difficoltà per la sopravvivenza dell'umanità e avere innescato un sistema di autodistruzione sul nostro pianeta. È già chiarissimo che stiamo correndo un rischio.

Non voglio mettere né Dio né effetti sovrannaturali nel mio discorso, ma un concetto che va oltre la vita umana vorrei esprimerlo, ed è l'immortalità. Io ho sempre pensato che se qualcuno simile a noi fra milioni di anni, forse miliardi, sarà ancora vivo, e se la nostra specie riuscirà a sopravvivere in qualche altra parte nell'universo, allora noi tutti, dal primo all'ultimo uomo vissuto, avremo guadagnato l'immortalità.

Barbara Negri Astrofisica, è il Responsabile dell'Unità Volo Umano e Sperimentazione Scientifica dell'Agenzia Spaziale Italiana, che ha in carico le attività della Stazione Spaziale Italiana (Esperimenti Scientifici e Astronauti), l'esplorazione di Luna e Marte e la partecipazione alle missioni scientifiche di Space Science dell'ESA, della NASA e di altre agenzie spaziali internazionali.

Dal 2018 è il responsabile della Delegazione Italiana al Science Programme Board dell'ESA e il "focal point" di ASI per la collaborazione con la NASA nelle missioni scientifiche di Esplorazione del Sistema Solare e di Astrofisica.

12

L'esplorazione dei pianeti alla ricerca di acqua liquida

Elena Pettinelli

Riassunto Il ritrovamento di acqua liquida in un altro pianeta del Sistema Solare rappresenta il primo passo verso la scoperta di vita extraterrestre, ma rappresenta anche un importante traguardo riguardo la possibilità di attingere alle risorse idriche locali in future missioni umane. I geofisici hanno imparato a cercare l'acqua nel sottosuolo terrestre utilizzando una varietà di tecniche fisiche che utilizzano la corrente elettrica, le onde sismiche o quelle elettromagnetiche. La ricerca di acqua liquida nei pianeti è un problema molto più complesso che, in assenza di un operatore umano in loco, richiede l'uso di misure fisiche da remoto. Ad oggi la tecnica nota come radar sottosuperficiale, che utilizza segnali radio nella frequenza dei megahertz, rappresenta la migliore metodica per cercare ed identificare corpi liquidi nel sottosuolo di pianeti e satelliti. Tali strumenti possono essere montati a bordo di navicelle spaziali orbitanti o su rover che si muovono sulla superficie dei pianeti. In questo capitolo viene descritta la ricerca d'acqua al di fuori della Terra attraverso questa tecnica geofisica; in particolare, viene descritto come sia stato possibile identificare il primo corpo di acqua liquida stabile sotto la calotta polare meridionale di Marte attraverso i segnali radar, ed il futuro della ricerca di acqua nelle lune ghiacciate di Giove, dove si ipotizzano presenti oceani sottosuperficiali di dimensione planetaria.

E. Pettinelli (✉)
Department of Mathematics and Physics, Roma Tre University, Roma, Italy
e-mail: elena.pettinelli@uniroma3.it

12.1 Acqua sulla Terra e sulla Luna

Esistono molte tecniche per cercare tracce di acqua su un pianeta, ed ogni ricercatore solitamente ne predilige una in particolare. Io sono una geofisica ed utilizzo le onde elettromagnetiche nelle frequenze radio per cercare l'acqua liquida ed il ghiaccio nel sottosuolo. La mia formazione mi ha portato a studiare principalmente la Terra, ed in particolare, ad utilizzare tecniche fisiche non distruttive per guardarci dentro, senza bucare, senza scavare, insomma senza rompere niente. Poi, per una serie di eventi imprevedibili, mi sono ritrovata a guardare dentro Marte, ed ora curioso all'interno di vari oggetti del Sistema Solare che pensiamo abbiano ancora, o abbiano avuto in passato, acqua liquida sotto la loro superficie.

La Terra è un pianeta complesso, geologicamente vario, dinamicamente attivo, complicato da studiare ma anche il "più fortunato" del Sistema Solare; l'unico ad avere le condizioni di punto triplo dell'acqua in superficie e l'unico, al momento, che sappiamo capace di ospitare la vita per come la conosciamo. Eppure, la nostra percezione di quanta acqua ci sia realmente sul nostro pianeta è condizionata dal fatto che l'acqua è in gran parte presente sulla superficie. Un modo efficace per capire quanta acqua abbia realmente la Terra è di paragonare le sue dimensioni a quelle di un pallone da basket, perché in tal caso la nostra acqua totale occuperebbe il volume di una pallina da ping-pong. Quindi, la Terra non è poi così ricca di acqua perché la massa dell'acqua è pari solo allo 0.02% della massa totale del pianeta (Fig. 12.1).

Allora potremmo chiederci: se l'acqua non è poi così tanta sulla Terra quanta ce ne potrebbe essere negli altri corpi del Sistema Solare? Le informazioni accumulate in decenni di esplorazioni spaziali ci aiutano a rispondere, almeno in parte, a questa domanda fondamentale. Oggi sappiamo che ci sono diversi corpi che ruotano intorno al Sole che, in proporzione alla loro massa, ne hanno molta più di noi; molti di questi affollano la parte più esterna del Sistema Solare, quella che si trova al di là della linea dei ghiacci, a circa 4 unità astronomiche di distanza dalla nostra stella (una unità astronomica è la distanza media Terra-Sole). Ma andiamo con ordine.

Gli astronauti delle missioni Apollo hanno riportato a Terra quasi 400 chilogrammi di rocce e suolo lunare, qualche centinaio di grammi le hanno raccolte e riportate le sonde russe, ed ora qualche chilogrammo lo hanno spedito sulla Terra anche le sonde cinesi. Le rocce lunari collezionate dalle missioni Apollo sono state analizzate a fondo, anche se una parte di queste sono rimaste sigillate per decenni (alcune lo sono ancora), in attesa dello sviluppo di strumenti analitici più moderni e performanti. Una delle principali conclusioni di que-

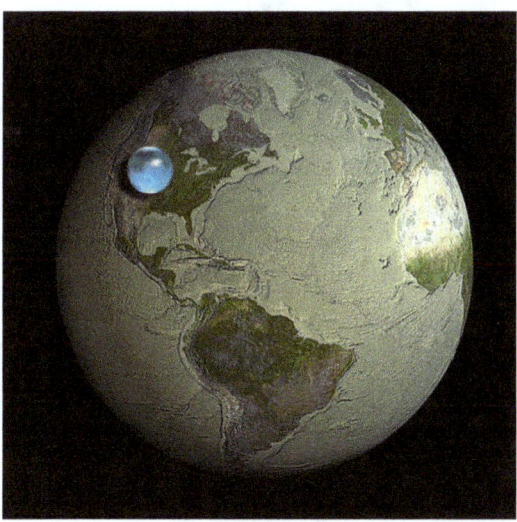

Figura 12.1 La pallina azzurra rappresenta tutta l'acqua che c'è sulla Terra rispetto alle dimensioni del pianeta (1)

sto lungo studio è stato che la Luna non ha un goccio d'acqua, è totalmente asciutta, è "bone dry" come dicono gli anglosassoni. In realtà oggi sappiamo che questa informazione non è corretta e che la Luna un po' di acqua ce l'ha, sotto forma di ghiaccio, ma in posti molto lontani da quelli dei siti di allunaggio, nei crateri permanentemente in ombra situati ai poli (soprattutto al polo sud), che non ricevono mai la luce solare grazie all'inclinazione dell'asse di rotazione della Luna rispetto al piano dell'eclittica. Queste trappole fredde sono di grande interesse per capire quanta acqua sia arrivata sulla Luna e come si finita laggiù, e saranno il luogo principale di studio delle future missioni lunari robotiche ed umane. L'acqua lunare è importante anche per pianificare una futura base spaziale permanente. Ci sono anche nuovi indizi della presenza di molecole d'acqua diffuse sulla superficie lunare o poco al di sotto di essa in zone non polari, ma sono poche ed al momento è piuttosto difficile rilevarle.

12.2 Acqua nei pianeti di tipo terrestre

I pianeti di tipo terrestre, Mercurio, Venere e Marte hanno condizioni superficiali assai diverse e decisamente poco ospitali per i terrestri. Mercurio, il più vicino al Sole, ha una temperatura equatoriale che varia tra 430 °C (di giorno) e −170 °C (di notte), una bella escursione! Date le condizioni ambientali e l'assenza di atmosfera, siamo stati per molto tempo convinti che il pianeta non potesse assolutamente avere acqua (o ghiaccio) in superficie o al suo interno. Niente di più sbagliato. La sonda della NASA MESSENGER, effettuando la misura dei neutroni veloci ed epitermici prodotti dall'interazione fra i raggi cosmici e la superfice del pianeta, ha dimostrato che il ghiaccio d'acqua è presente nelle trappole fredde dei crateri polari tenuti permanentemente in ombra dall'asse di rotazione verticale di Mercurio, proprio come nel caso della Luna.

Venere, il pianeta che non mostra mai la sua superficie a causa di una spessa atmosfera satura di CO_2 (e di altri gas per noi velenosi), ha una pressione al suolo che vale circa 92 volte l'atmosfera terrestre, ed il suo estremo effetto serra gli conferisce una temperatura alla base dell'atmosfera di circa 460 °C. In queste condizioni l'acqua in superficie è semplicemente "off limits", ma siamo abbastanza convinti che in passato le sue condizioni siano state molto diverse e più simili a quelle della Terra primordiale. Siamo anche convinti che l'acqua sia rimasta stabile in superficie per un periodo più lungo che per Marte, ma non sappiamo cosa sia successo di così catastrofico da cambiare l'evoluzione del pianeta apparentemente più simile alla Terra. Un fatto poco noto è che Venere è stato più volte visitato da sonde russe, che sono state capaci di atterrare, di fare misure e di mostrarci qualche foto del suo paesaggio surreale. Nessuna missione progettata in questi ultimi anni ripropone una esplorazione con atterraggio sulla superficie, troppo rischiosa, troppo complicata e troppo costosa, ma sia la missione dell'ESA EnVision che le missioni NASA VERITAS e DAVINCI, osservando il pianeta da una sonda orbitante, ci aiuteranno a comprendere il percorso evolutivo di Venere.

Marte è stato il pianeta dei nostri sogni "extraterrestri" e la meta delle nostre missioni per molti anni. Al momento abbiamo effettuato 47 tentativi per raggiungere o atterrare sul pianeta rosso con missioni robotiche, con un successo di un po' più della metà di queste missioni. Fra tutte quelle identificate nei vari corpi del Sistema Solare, le strutture geologiche marziane sono certamente le più simili ai paesaggi terrestri. Basti pensare alle calotte polari, principalmente costituite da ghiaccio ordinario di acqua (quello che i ricercatori chiamano Ih), proprio come quelle terrestri. Per la verità, le calotte marziane hanno anche un po' di CO_2 solida al loro interno, ma il ghiaccio d'acqua è sicuramente prevalente e modella le strutture glaciali del pianeta rosso. Le calotte polari marziane rispondono alle variazioni stagionali proprio come quelle terrestri e, in tempi geologici, hanno anche risposto come quelle terrestri estendendosi e riducendosi in relazione ai periodi glaciali ed interglaciali. Tuttavia, le condizioni di temperatura media al suolo, circa −65 °C (oscillanti tra −110 °C al polo e +20 °C all'equatore) e della sua tenue atmosfera con una pressione circa 1/100 di quella terrestre non permettono l'esistenza di acqua in superficie. Marte oggi è un pianeta arido ed inospitale ma le missioni robotiche hanno trovato decine di indizi geologici che ci confermano il suo stato di pianeta bagnato in superficie nel suo passato, anche non troppo lontano. Quando si calcola il budget totale dell'acqua, cioè si somma l'acqua persa in conseguenza della perdita del campo magnetico e dell'atmosfera e quella che vediamo oggi, ovvero le calotte polari e certe aree dove è presente il permafrost (cioè, l'acqua permanentemente congelata nel sottosuolo), i conti non tornano. Ed è questa la motivazione per cui i terrestri si sono intestarditi a cercare altre tracce di acqua liquida su questo pianeta ossidato.

12.3 Come i geofisici cercano l'acqua nei pianeti

Torniamo a parlare di come i geofisici cercano l'acqua all'interno di un pianeta. Sulla Terra è tutto relativamente facile perché possiamo fare le misure direttamente sulla superficie; fare circolare una corrente elettrica nel sottosuolo piantando degli elettrodi nel terreno, generare onde sismiche percuotendo il terreno con una massa battente, o fare altri tipi di misure fisiche. Su un altro pianeta, in assenza di un operatore umano, è tutto molto più complicato. Eppure, queste tecniche sono fondamentali non solo per trovare l'acqua nel sottosuolo, ma anche per capire la struttura interna dei pianeti. Pensiamo alle rivoluzionarie scoperte del sismometro SEIS a bordo della sonda marziana INSIGHT che sta cambiando radicalmente la nostra visione della dinamica interna di Marte, che credevamo un pianeta morto, ma che invece ha una attività sismica rilevante e zone del mantello superiore ancora fuse.

Se non possiamo andare sulla superficie di Marte a fare misure geofisiche, come invece hanno fatto gli astronauti del programma Apollo sulla Luna, allora dobbiamo pensare ad una misura "da remoto". E questa è stata la proposta di Giovanni Picardi e dell'ASI (l'Agenzia Spaziale Italiana) quando a metà degli anni 90' si è cominciato a sviluppare la sonda ESA Mars Express (amichevolmente chiamata MEX). Usare onde radio (alla frequenza 1.8–5 MHz) per scandagliare il sottosuolo di Marte alla ricerca di falde sotterranee profonde anche qualche chilometro. Il principio di funzionamento del radar è il seguente: le antenne del radar emettono impulsi elettromagnetici che durano alcuni microsecondi. Questi impulsi viaggiano dal satellite alla superficie dove vengono in parte riflessi (Fig. 12.2). La parte del segnale che entra nel sottosuolo (nella figura il ghiaccio polare marziano) si propaga al suo interno fino ad arrivare alla base ed essere riflesso dalle rocce, dai sedimenti o dall'acqua. L'acqua

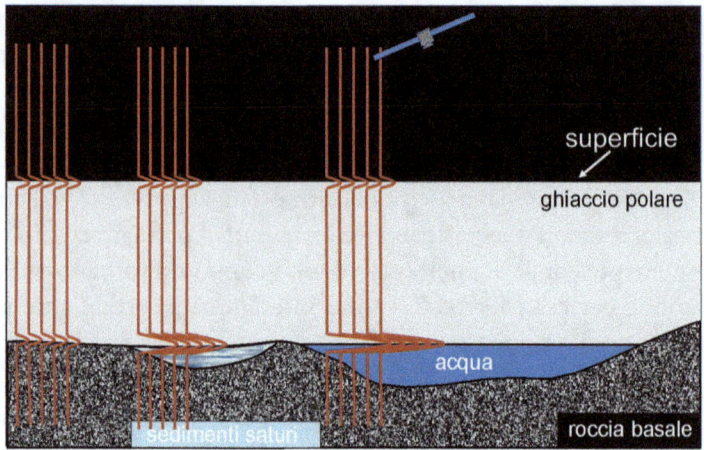

Figura 12.2 Principio di funzionamento di un radar sounder

è il materiale che riflette maggiormente il segnale rispetto agli altri materiali presenti nel sottosuolo, e produce un eco intenso.

L'idea di per sé non era nuova, perché misure simili erano già state fatte in Antartide per investigare la base dei ghiacci, dove sono stati trovati ad oggi oltre 400 laghi subglaciali. Ma la sfida era riuscire a farlo su un pianeta lontano, in condizioni operative veramente complicate, e volando a distanza di centinaia di chilometri dalla superficie mentre i radar terrestri volano a qualche centinaio di metri dal ghiaccio. Questa scelta scientifica e tecnologica è risultata vincente perché nel 2018, il radar sounder MARSIS a bordo di MEX, l'acqua nel sottosuolo l'ha trovata veramente, sotto la calotta polare a sud di Marte. Si tratta di corpi d'acqua subglaciale stabili, simili a quelli presenti in Antartide o in Groenlandia.

L'acqua è sicuramente salata perché la base dei depositi polari marziani è comunque più fredda del punto di liquefazione dell'acqua pura. Si pensa che questi sali siano i perclorati, che sono ubiquitari sulla superficie di Marte, e che sono capaci di abbattere il punto di congelamento dell'acqua anche fino a −85 °C. La Fig. 12.3 illustra la permettività basale calcolata sulla base dei dati di MARSIS. La mappa è stata ricostruita sulla base dei dati radar di MARSIS. Le tonalità di blu indicano la presenza di acqua, quelle rosso-marrone la presenza di rocce asciutte.

Ci sono voluti quasi dieci anni per acquisire i dati, studiare il segnale radar e capire che si stava vedendo la cosa che tutti avevano cercato per anni: l'acqua allo stato liquido. È stata una scoperta tutta italiana, dal progettista, agli ingegneri di Thales Alenia Space Italia che hanno costruito il radar, ai ricercatori

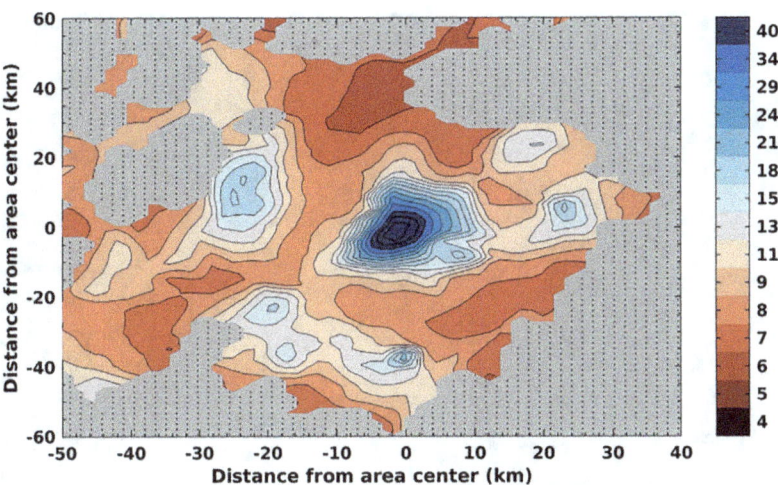

Figura 12.3 Mappa della permettività dielettrica basale sotto la calotta polare sud di Marte (2)

che hanno analizzato i dati e scritto l'articolo relativo alla scoperta. In effetti, i radar sounder applicati allo studio dei pianeti sono una eccellenza italiana; anche SHARAD, il radar sounder che opera a 20 MHz a bordo della sonda americana MRO (Mars Reconnaissance Orbiter) realizzato da Thales Alenia Space Italia è un marchio di fabbrica nazionale. Radar sounder italiani opereranno anche a bordo della missione ESA EnVision su Venere ed ESA JUICE, sulle lune ghiacciate di Giove.

12.4 Il futuro della ricerca di acqua extraterrestre

Ed è proprio all'interno di Europa, Ganimede e Callisto, tre dei quattro satelliti medicei scoperti da Galileo nel 1610, che guarderemo nei prossimi anni utilizzando le onde radio. Questi satelliti naturali fanno parte della famiglia degli "Ocean Worlds", corpi ghiacciati che hanno al loro interno un cuore caldo, un oceano di acqua liquida e salata. Sappiamo dell'esistenza di questi mondi oceanici grazie ai risultati ottenuti da due missioni importanti: Galileo, la missione NASA degli anni 90' finalizzata allo studio di Giove e delle sue lune e la missione NASA/ESA/ASI Cassini-Huygens, attiva per oltre 13 anni nel sistema di Saturno. Queste sonde hanno trovato vari indizi che possono essere spiegati solo con la presenza di un oceano globale al di sotto delle croste ghiacciate. Per quanto si sospettasse per lungo tempo della presenza di

Figura 12.4 Immagine ripresa da Cassini dei geysers di acqua e molecole organiche emesse in prossimità del polo sud di Encelado (3)

questi oceani, prima di queste missioni, non se ne aveva una prova concreta. Galileo e Cassini hanno mostrato che Europa (una delle lune di Giove) ed Encelado (una delle lune di Saturno) hanno superfici poco craterizzate, giovani e, quindi, che si rinnovano continuamente probabilmente attraverso meccanismi che fanno risalire l'acqua. Inoltre, Europa e Ganimede perturbano il campo magnetico di Giove, cosa che può essere spiegata attraverso la circolazione di ioni all'interno dell'acqua salata, ed Encelado ha geysers di materiale complesso acqua/molecole organiche che fuoriescono dalla superficie al polo sud (Fig. 12.4). La densità media delle lune è bassa, vicina a quella dell'acqua e del ghiaccio, ed i momenti d'inerzia indicano strutture interne differenziate, tranne che per Callisto che appare essere il più antico ed il meno evoluto dei satelliti. Queste lune particolari rappresentano la nuova frontiera della ricerca di vita nel Sistema Solare.

Per questo motivo l'ESA e la NASA hanno deciso di sviluppare due grandi missioni, JUICE (Fig. 12.5) ed Europa Clipper. Queste missioni hanno lo scopo non solo di confermare l'esistenza di acqua sotto-superficiale ma anche di valutare le condizioni di potenziale abitabilità per gli organismi biologici, in particolare su Europa, di comprendere l'evoluzione geologica di Ganimede e di studiare uno dei corpi più antichi del Sistema Solare, Callisto. Lo studio di questi satelliti è importante anche per comprendere le caratteristiche di potenziali pianeti e satelliti analoghi nei sistemi extrasolari. Le missioni JUICE ed Europa Clipper saranno l'occasione per verificare tutto quello che abbia-

Figura 12.5 Rappresentazione della sonda JUICE che sorvola Ganimede con le antenne del radar RIME aperte in posizione verticale (4)

mo imparato utilizzando MARSIS e SHARAD su Marte, per consolidare il complesso percorso che abbiamo dovuto seguire per provare l'esistenza di acqua liquida all'interno di altro pianeta, attraverso l'utilizzo delle onde radio. Per molti anni avremo due sistemi radar a cercare nuove evidenze di acqua extraterrestre, lavorando un po' in competizione ed un po' in collaborazione, RIME il radar europeo a 9 MHz e REASON quello americano a 9 e 60 MHz. Ci aspettiamo importanti risultati da questi strumenti e siamo certi che nuove ed esaltanti scoperte non si faranno attendere.

Bibliografia

(1) https://water.usgs.gov/edu/gallery/watercyclekids/global-water-volume.html
(2) Lauro, S.E., et al., "Multiple subglacial water bodies below the south pole of Mars unveiled by new MARSIS data." Nature Astronomy 5.1 (2021): 63–70
(3) https://www.esa.int/Science_Exploration/Space_Science/Cassini-Huygens/Complex_organics_bubble_from_the_depths_of_ocean-world_Enceladus
(4) https://www.esa.int/Science_Exploration/Space_Science/Juice/Spotlight_on_Ganymede_Juice_s_primary_target

Elena Pettinelli Professore Ordinario di Fisica Terrestre presso il Dipartimento di Matematica e Fisica dell'Università degli studi Roma Tre, dove è responsabile del Laboratorio di Fisica della Terra e dei Pianeti. Svolge attività di ricerca nel campo dell'esplorazione geofisica planetaria, con particolare riguardo all'utilizzo dei radar sottosuperficiali per lo studio delle croste planetarie. Nel 2018, insieme ad un gruppo di colleghi, è stata autrice della scoperta del primo corpo di acqua liquida sotto il ghiaccio del polo sud di Marte con il radar italiano MARSIS a bordo della missione Mars Express.

13

L'importanza dell'Innovazione Tecnologica nelle Attività Spaziali

Elena Toson

Riassunto Questo capitolo ha lo scopo di accompagnare il lettore attraverso le fasi più importanti del settore spaziale sui temi tecnologia e innovazione, per poter apprendere appieno l'importanza di questi due elementi, senza i quali, le attività spaziali non sussisterebbero. Infine, la trattazione si sofferma sui valori che, secondo la scrittrice, sono necessari per innovare in un settore altamente tecnologico, in cui le persone nelle loro "diversità" ne rappresentano il tema centrale.

13.1 Tecnologia e innovazione in un quadro storico

Perché all'interno delle attività spaziali è cruciale fare innovazione tecnologica? Perché tecnologia e innovazione sono elementi fondamentali per rendere sostenibile l'intera infrastruttura spaziale.

Le attività spaziali sono iniziate con la competizione tra superpotenze; fu proprio il lancio del primo satellite artificiale della storia a segnare l'inizio di una nuova fase della guerra fredda tra Stati Uniti e Unione Sovietica.

Nei primi 40 anni di esplorazione spaziale, abbiamo poi assistito a sviluppi tecnologici incrementali, e allo stesso tempo epocali. In pochissimi anni, l'uo-

E. Toson (✉)
T4i, Padova, Italy

Figura 13.1 I primi passi dell'uomo sulla Luna. (Credito: Wordpress)

mo è passato da una blanda conoscenza dei fenomeni caratteristici dell'orbita terrestre a lasciare le sue impronte sulla Luna (Fig. 13.1).

Abbiamo popolato le orbite terrestri con satelliti i cui servizi sono diventati compagni abituali delle nostre giornate; quando guardiamo la televisione, consultiamo le previsioni del tempo o ci muoviamo in modo sicuro verso la nostra meta, sia per terra, aria o mare, utilizziamo i dati satellitari. Nei primi 40 anni di esplorazione spaziale abbiamo assistito all'era dei grandi lanciatori, abbiamo costruito stazioni spaziali (Fig. 13.2) per fare esperimenti su materiali e processi innovativi, per studiare la fisiologia umana in preparazione dei viaggi interplanetari, per osservare la Terra con occhi nuovi. Abbiamo messo in orbita telescopi straordinari che ci consentono di osservare l'universo nelle profondità dello spazio verso le origini del tempo.

Dal 2000 in poi, è nata una nuova era, resa possibile da due elementi principali: la capacità di miniaturizzazione della tecnologia e l'apporto di capitali privati nel settore. La miniaturizzazione ha permesso di concentrare molta tecnologia in poco spazio, rendendo i satelliti più piccoli e meno costosi. Sono state le università che per prime hanno aperto la strada verso satelliti compatti, facendo vivere ai propri studenti un'esperienza formativa unica, e da qui sono nate start-ups e piccole medie imprese che hanno sfruttato l'opportunità di fornire servizi innovativi attraverso piattaforme satellitari a basso costo, facendo nascere un nuovo importante mercato, la New Space Economy (NSE).

Figura 13.2 La Stazione Spaziale Internazionale. (Credito: NASA)

13.2 New Space Economy

La NSE è un nuovo mondo caratterizzato da un fermento di piccole medie imprese, investitori, progettualità e sfide un tempo considerate impensabili. In questo nuovo mondo sono apparse figure come Elon Musk in grado di rivoluzionare l'accesso allo spazio (Fig. 13.3), nonché fornire servizi di telecomunicazione fino a qualche anno fa impensabili.

È proprio in questo nuovo mondo che è emerso il problema della sostenibilità delle attività spaziali.

13.3 Sostenibilità delle attività spaziali

Migliaia di satelliti in orbita possono potenzialmente dare origine a collisioni, con la produzione di detriti (Fig. 13.4) che a loro volta possono colpire altri satelliti rendendoli inservibili e quindi pronti a collidere con altri satelliti creando potenzialmente un drammatico effetto a valanga (effetto chiamato sindrome di Kessler) che potrebbe rendere inservibile l'intero segmento spaziale, riportando l'umanità indietro di 70 anni.

Anche l'accesso all'orbita delle piccole piattaforme satellitari sta diventando problematico. Per i piccoli passeggeri, infatti, i grandi lanciatori non sono economici e possono richiedere tempi di attesa di lancio estremamente lun-

Figura 13.3 Rientro dei primi stadi del lanciatore Falcon 9. (Credito: SpaceX)

Figura 13.4 Rappresentazione dei detriti spaziali. (Credito: ESA)

Figura 13.5 Attività all'interno del programma AVIOLANCIO del CNR finanziato dal governo italiano. (Credito: L. Paciucci)

ghi, impedendo una rapida sostituzione di un satellite malfunzionante o che ha raggiunto il fine vita.

È per risolvere questi e altri problemi che è fondamentale fare innovazione tecnologica. Per il problema dei detriti spaziali, varie istituzioni e aziende tra cui T4i integrano nei satelliti dei sistemi propulsivi che permettono loro di rientrare a Terra in un'area definita o di evitare collisioni in orbita. In funzione delle operazioni che i satelliti devono svolgere, al giorno d'oggi esistono sistemi propulsivi per movimentazioni lente, veloci, multidirezionali. Nel settore dell'accesso orbitale alle piccole piattaforme, si stanno invece sviluppando sistemi di lancio dedicati in grado di offrire un servizio on-demand a costi contenuti. Ne è un esempio il concetto di micro-lanciatore aviotrasportato, che rende l'immissione in orbita di un piccolo satellite indipendente dalle condizioni meteorologiche e dal luogo di lancio (Fig. 13.5).

13.4 L'importanza dei valori nell'innovazione tecnologica

L'innovazione tecnologica in campo propulsivo viene comunemente chiamata "rocket science". Quali sono gli ingredienti essenziali per fare "rocket science"? Bastano competenze tecniche o c'è altro?

Figura 13.6 Motto di T4i. (Credito: N. Bellomo)

Nella mia esperienza, gli ingredienti fondamentali che accompagnano tutte le giornate che vivo in T4i (Fig. 13.6), azienda che sviluppa sistemi propulsivi per satelliti e per micro-lanciatori, sono i nostri valori, quale elemento fondante di coesione. Questi valori sono:

SOSTENIBILITÀ: la sostenibilità negli oggetti che sviluppiamo (propulsori green) ma anche come li facciamo, sia a livello umano che tecnologico, per garantire alle generazioni future la stessa disponibilità di risorse delle attuali generazioni e uguaglianza nella distribuzione della "ricchezza". Come ha detto Jane Goodall, "Non puoi vivere un solo giorno senza avere un impatto sul mondo che ti circonda. Quello che fai fa la differenza, e devi decidere che tipo di differenza vuoi fare."

CREATIVITÀ: la creatività intesa come capacità di uscire costantemente dagli schemi, creare nuove idee per il gusto di uscire dalla propria zona di comfort esplorando lo spazio sconosciuto delle idee nuove, il cui nemico assoluto è il "si è sempre fatto così". La creatività è per noi elemento vitale per esprimere tutto il nostro potenziale; viene in mente la frase di Giulia Cameron, "La creatività è il modo in cui affrontiamo i problemi e le sfide con fantasia invece di paura."

DETERMINAZIONE: la determinazione è l'arma che ci consente di affrontare tutte le sfide che giornalmente dobbiamo superare. Rappresenta bene il concetto la frase di Tania Cagnotto, "Pazienza, determinazione e soprattutto voglia di fare sacrifici. Solo così si arriva in alto".

ETICA: l'etica è la nostra bussola, lei guida giornalmente la nostra nave. La intendiamo come il bisogno di vivere per un bene superiore che non sia successo, affermazione personale e ricchezza. Etica intesa come linea guida nei rapporti umani nell'idea che siamo parte di un unico insieme armonioso, beviamo la stessa acqua e respiriamo la stessa aria, tutti un giorno siamo nati e un giorno moriremo. Etica del rispetto reciproco in tutte le circostanze, dell'onestà a prescindere, dell'equità in tutti i comportamenti. Albert Schweitzer disse: "L'etica è saper dire no quando il sì sarebbe più facile o vantaggioso."

RESPONSABILITÀ: la responsabilità, intesa come capacità di farsi carico dei propri errori affrontandoli a viso aperto sapendo chiedere scusa, senza chiedere attenuanti e impegnando sé stessi a migliorare. Secondo il saggista statunitense Tony Robbins, significa "Non cercare scuse ma cercare soluzioni."

TEAM: infine, il lavoro di squadra è ciò che rende un gruppo di persone un team straordinario. Il team è l'elemento fondante, di persone che si supportano, si incoraggiano e si aiutano a vicenda nel raggiungimento di un obbiettivo comune, che vincono e falliscono insieme, cercano soluzioni non colpe, si aiutano a rialzarsi quando qualcuno cade. Mi piace ricordare la frase di Virginia Burden "La cooperazione si basa sulla profonda convinzione che nessuno riesca ad arrivare alla meta se non ci arrivano tutti".

Non esiste l'azienda senza le persone e il ruolo delle donne e degli uomini nell'innovazione tecnologica è assolutamente centrale.

Elena Toson attratta sin da piccola da tutto ciò che si trova nello spazio e chiedendosi sempre il perché delle cose, si è laureata in Ingegneria Aerospaziale a Padova e ha continuato gli studi nel settore con un Master di specializzazione in Propulsione Aerospaziale al Politecnico di Torino e un Dottorato di Ricerca in Ingegneria Aerospaziale al Politecnico di Milano. Dopo varie esperienze all'estero durante gli studi, ha lavorato in Thales Alenia Space, Avio Aero e D-Orbit, aziende del settore Aeronautico e Spaziale, dove ha maturato in un primo momento competenze tecniche e di gestione progetti aerospaziali e successivamente in sviluppo del business e nel fare impresa nel settore spazio.

Attualmente è direttrice delle operazioni e dello sviluppo del business nonché socia e consigliera presso T4i, azienda italiana in forte espansione che opera nella Space Economy e sviluppa sistemi innovativi di propulsione "green" per piccoli satelliti e micro-lanciatori. La propulsione spaziale è fondamentale per garantire la sostenibilità del settore e con esso le applicazioni a Terra. Elena è attiva nella comunità spaziale nazionale e internazionale: svolge attività di comunicazione in materie STEM applicate allo spazio presso asili e scuole, è coordinatrice all'interno dell'International Astronautical Federation (IAF) Space Propulsion Technical Committee e membra dell'associazione Women In Aerospace Europe.

14

Che impatto ha l'innovazione tecnologica spaziale nelle nostre vite?

Alessia Gloder

Riassunto Le attività e le innovazioni tecnologiche in ambito spaziale non sono più un qualcosa di distante e poco comprensibile. Oggi sono parte integrante della nostra quotidianità e contribuiscono in modo significativo al miglioramento della qualità della vita sulla Terra. Questa sezione illustra l'impatto dell'innovazione tecnologica spaziale nelle nostre vite in modo semplice e chiaro, attraverso esempi facilmente comprensibili per il lettore, con l'obiettivo di evidenziare quanto la nostra società dipenda ormai in modo imprescindibile dalle tecnologie spaziali e di quanto queste diventeranno sempre più rilevanti in futuro. Si sottolinea, inoltre, l'importanza di continuare a investire e innovare nello spazio per garantire un futuro migliore, assicurando al contempo che il progresso tecnologico avvenga in maniera responsabile e sostenibile.

14.1 Introduzione

"Perché spendiamo così tanto per esplorare lo spazio quando ci sono così tanti problemi sulla Terra?"

"Siamo davvero stati in orbita e sulla Luna?"

"A cosa serve andare nello spazio?"

Domande come queste mi sono state rivolte più volte nel corso degli anni, così come a molti altri professionisti, studenti e appassionati del settore

---

A. Gloder (✉)
Adaptronics, Bologna, Italy

spaziale. Le leggiamo spesso anche sul web e sui social media. Personalmente, ritengo che questi interrogativi evidenzino come, nella nostra società, manchi la consapevolezza dell'impatto che le tecnologie spaziali hanno nella nostra vita quotidiana e di quanto abbiano contribuito al progresso umano negli ultimi decenni. Nonostante numerosi centri di ricerca, università, agenzie spaziali e aziende abbiano fatto dell'innovazione tecnologica il loro focus e il loro business, spesso lo spazio è ancora visto come un settore di nicchia, distante dalla vita di tutti i giorni e difficilmente accessibile. Per questo motivo è diventata per me una missione personale contribuire allo sviluppo di una maggiore percezione della concretezza delle attività e delle tecnologie spaziali, così come favorire una maggiore conoscenza e consapevolezza sul tema affinché ne venga riconosciuto e apprezzato l'impatto passato, presente e futuro. Un mezzo per raggiungere questo obiettivo è una divulgazione semplice e chiara, che metta in evidenza questi aspetti. Nei prossimi paragrafi, attraverso esempi concreti e un racconto diretto, cercherò di mostrare perché sia importante continuare a investire nella ricerca e nell'innovazione spaziale, e che tutti, in un modo o nell'altro, siamo "space users" ossia utilizzatori quotidiani della tecnologia spaziale.

A cosa serve l'innovazione tecnologica?

In epoche antiche lo spazio era un punto di riferimento per la navigazione, oggetto di studio e di devozione, e influenzava l'orientamento di templi e città. Eppure, restava una realtà inesplorata e avvolta nel mistero. Oggi, a quasi settant'anni dal lancio del primo satellite (1), il rapporto con lo spazio è diventato molto più tangibile grazie alla tecnologia: è possibile passeggiare tra gli Space Shuttle, osservare oggetti che hanno orbitato attorno alla Terra e incontrare persone che hanno vissuto a bordo della Stazione Spaziale Internazionale.

L'innovazione tecnologica spaziale non solo continua ad ampliare i nostri orizzonti di conoscenza, ma ha ormai un impatto concreto e globale in numerosi settori. Crea valore, nuove opportunità lavorative e contribuisce a migliorare la qualità della vita sul nostro pianeta. Essa influenza vari ambiti, dall'agricoltura al trasporto, dall'ambito medico alla cucina, sia grazie a nuove forme di utilizzo dei dati satellitari, sia tramite l'adozione e l'adattamento di tecnologie inizialmente sviluppate per lo spazio. Nel corso degli anni, molte scoperte spaziali hanno trovato applicazione anche nelle nostre case e sono ora parte integrante delle nostre attività quotidiane. Alcune, come il GPS e il memory foam, sono esempi piuttosto noti di questi trasferimenti tecnologici, ma altre applicazioni (2, 3, 4) possono risultare piuttosto sorprendenti e inaspettate. Vediamone alcune.

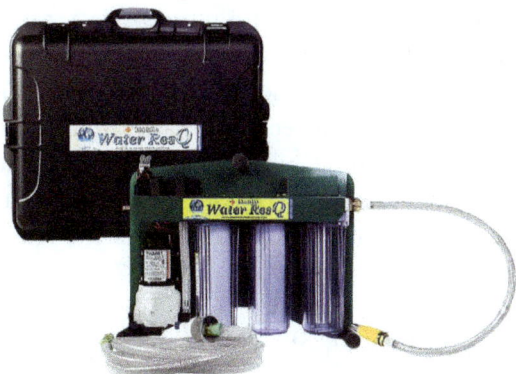

Figura 14.1 Filtri dell'acqua. (Credito: NASA)

Filtri dell'acqua (Fig. 14.1)

Gli ingegneri della NASA hanno lavorato con aziende private per creare sistemi avanzati di purificazione dell'acqua destinati agli astronauti nello spazio. Questi sistemi, inizialmente progettati per trattare e riciclare acqua sulla Stazione Spaziale Internazionale, ora trovano applicazione anche sulla Terra, specialmente in aree remote o in via di sviluppo dove l'acqua è scarsa o contaminata. Grazie alla tecnologia spaziale è possibile purificare fonti d'acqua in modo rapido ed economico, eliminando batteri e contaminanti. Questo non solo riduce i costi di spedizione dell'acqua nello spazio, ma migliora anche la qualità della vita di chi vive in zone con risorse idriche limitate.

Sensori CMOS (Fig. 14.2)

Negli anni '90 era necessario creare telecamere miniaturizzate per le missioni spaziali: il NASA-JPL sviluppò il sensore a pixel attivi CMOS, che cattura la

Figura 14.2 Telefono cellulare con sensori CMOS. (Credito: NASA)

luce trasformandola in immagini e che è più compatto e meno costoso rispetto ad altri tipi di sensori. Sviluppato per adattarsi agli spazi ristretti dei satelliti, il sensore CMOS ha rivoluzionato il mondo delle immagini digitali, rendendo le fotocamere più piccole, più efficienti e più accessibili. Oggi lo troviamo in fotocamere DSLR, nei telefoni cellulari e nei dispositivi medici come quelli per la diagnostica dentale. Quindi la prossima volta che scattiamo un selfie o registriamo un video, ricordiamo che la tecnologia che rende possibile tutto ciò è nata per le esplorazioni spaziali.

Aspirapolveri senza fili (Fig. 14.3)
La tecnologia alla base degli aspirapolvere portatili senza fili e di alcuni utensili elettrici deriva dai trapani portatili a batteria utilizzati dagli astronauti durante le missioni Apollo. Questi servivano per estrarre campioni dalla superficie lunare e furono ideati per rispondere all'esigenza di avere attrezzature leggere, efficienti dal punto di vista energetico e autonome, in modo da garantire maggiore mobilità e velocità durante le operazioni critiche nello spazio. La responsabilità dello sviluppo di questo trapano fu affidata alla Black & Decker Manufacturing Company, che utilizzò la tecnologia sviluppata per il trapano lunare nella progettazione di prodotti di consumo successivi, come l'aspirapolvere cordless.

Figura 14.3 Aspirapolvere senza fili. (Credito: Kennedy Space Center)

Figura 14.4 Ponte rinforzato con dissipatori sismici. (Credito: NASA)

Smorzatori sismici (Fig. 14.4)

Gli smorzatori, originariamente progettati per proteggere i veicoli spaziali e le attrezzature di lancio durante le condizioni estreme dei lanci dello Shuttle, sono ora utilizzati per rinforzare centinaia di edifici e ponti nelle regioni soggette a terremoti in tutto il mondo. Questi dissipatori possono essere installati durante la costruzione iniziale o aggiunti successivamente per proteggere edifici più vecchi, con risultati estremamente efficaci.

Superconduttori per la risonanza magnetica (MRI) (Fig. 14.5)

Le macchine per la risonanza magnetica (MRI) sono diventate più economiche grazie a un superconduttore sviluppato per una ricerca in ambito aeronautico della NASA. Nel 2001 è stata scoperta la superconduttività di un materiale chiamato diboruro di magnesio: grazie a una collaborazione tra la NASA e

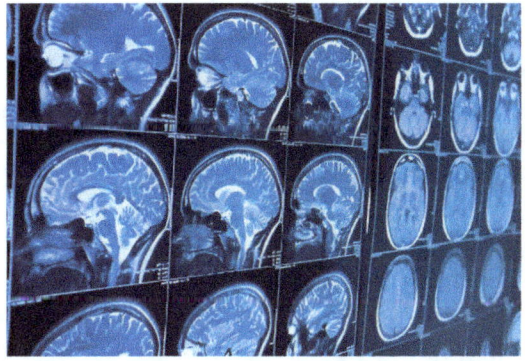

Figura 14.5 Risonanza magnetica per immagini. (Credito: NASA)

Figura 14.6 Utilizzo di una pompa automatica per l'insulina. (Credito: NASA)

l'industria è stato possibile sviluppare una tecnologia che ne ha reso la fabbricazione economica e pratica. Oggi l'azienda produce e vende fili superconduttori in vari settori, contribuendo tra l'altro al miglioramento delle macchine MRI.

Microinfusori per l'insulina (Fig. 14.6)

Le persone con diabete devono monitorare attentamente i livelli di insulina e spesso necessitano di più iniezioni giornaliere per mantenere sotto controllo la glicemia. Le pompe automatiche per insulina, o microinfusori, si basano su un sistema miniaturizzato di controllo dei fluidi, e derivano da una tecnologia sviluppata negli anni '70 per la ricerca della vita su Marte. Questi dispositivi rilasciano insulina in modo continuo e a ritmi preprogrammati, permettendo agli utenti di vivere una vita più normale, partecipando a sport e viaggiando liberamente.

Trattamento per l'osteoporosi (Fig. 14.7)

Vivere a lungo in un ambiente a bassa o zero gravità comporta numerosi problemi di salute, tra cui la perdita di massa ossea e muscolare e la compromissione della vista. Per comprendere meglio come la mancanza di gravità influisca sul corpo umano, gli scienziati della NASA hanno condotto ampi test su roditori nello spazio. La ricerca ha portato allo sviluppo di nuovi farmaci sulla Terra per combattere la perdita ossea. Negli studi clinici sugli esseri umani, il farmaco ha ridotto le fratture vertebrali del 68% e le fratture dell'anca del 40%.

Formule per neonati (Fig. 14.8)

Le formule per neonati oggi contengono un ingrediente nutrizionale arricchente le cui origini risalgono a ricerche sull'uso delle alghe per i viaggi spaziali

14 Che impatto ha l'innovazione tecnologica spaziale nelle nostre vite? 153

Figura 14.7 Esempio di una persona affetta da osteoporosi. (Credito: NASA)

Figura 14.8 Allattamento artificiale di un neonato. (Credito: NASA)

di lunga durata. Gli esperimenti hanno portato a un metodo che permette di ottenere gli acidi grassi omega-3, naturalmente presenti nel corpo umano, dalle alghe. Oggi molte formule per neonati sono arricchite con questi additivi, che si ritiene aiutino lo sviluppo mentale e visivo. Inoltre questi nutrienti vengono aggiunti a una vasta gamma di alimenti per bambini, adulti, animali domestici e da allevamento.

La lista potrebbe continuare: occhiali da sole resistenti ai graffi, auricolari wireless, tessuti polimerici ignifughi, tecnologie per l'abbigliamento sportivo, scarpe da atletica, elmetti, ecc. Quelli citati sono solo alcuni dei tantissimi esempi di come la tecnologia spaziale abbia migliorato le nostre vite. Ed è per questo motivo che si continua ad investire nel settore, come faccio anche io personalmente con la startup Adaptronics, che sviluppa sistemi di presa elettro-adesivi per robot e macchine automatiche, con applicazioni sia terrestri che spaziali.

14.2 Cosa succederebbe se non avessimo più accesso alle tecnologie spaziali?

Per spiegare cosa succederebbe se decidessimo di non dipendere più dalle tecnologie spaziali introduco un breve racconto, ispirato all'animazione "*A day without space*" dell'Agenzia Spaziale Tedesca (DLR) (5), e che ho presentato anche durante un mio TEDx talk intitolato "We are all space users" (6).

"Vi presento Bill. Bill è un impiegato, con una routine consolidata, costruita negli anni, che lo soddisfa."

"Ogni mattina si alza alle 7:00, va in bagno, si lava i denti e, per decidere come vestirsi in modo appropriato, controlla le previsioni del tempo."

"Dopo essersi vestito, fa colazione mentre ascolta le notizie del giorno alla TV, così da rimanere aggiornato su ciò che accade nel suo Paese e nel mondo."

"Terminato il caffè controlla Google Maps per capire quanto traffico troverà sulla strada verso il lavoro e poi si mette alla guida. Al rientro, passa a prelevare del denaro, va a fare la spesa e ordina online un regalo per un amico, sicuro che arriverà a casa sua in uno o due giorni, giusto in tempo per la festa prevista nel fine settimana."

Credo che molti di noi si possano immedesimare in una simile storia. Vediamo ora come cambierebbe la vita di Bill se da un giorno all'altro smettesse di esistere la la tecnologia spaziale. Ripartiamo da capo.

"Vi presento Bill. Bill è un impiegato, con una routine consolidata, costruita negli anni, che lo soddisfa."

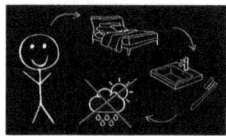

"Ogni mattina si alza alle 7:00, va in bagno, si lava i denti e, per decidere come vestirsi in modo appropriato, controlla le previsioni del tempo. Stamattina, però, la sua applicazione non mostra alcuna previsione aggiornata. Senza dare troppo peso all'accaduto, decide di vestirsi a strati e di portare con sé una maglia in più, per sicurezza."

"Dopo essersi vestito fa colazione mentre ascolta le notizie del giorno alla TV, così da rimanere aggiornato su ciò che accade nel suo Paese e nel mondo. Ma, per qualche motivo, la TV satellitare sembra non ricevere alcun segnale. Bill inizia ad essere infastidito. Sembra proprio che oggi non sia la sua giornata fortunata."

"Terminato il caffè esce di casa e, come ogni mattina controlla Google Maps per capire quanto traffico troverà sulla strada verso il lavoro prima di mettersi alla guida, ma … Google Maps non funziona."

"Cosa sta succedendo? Bill alza lo sguardo e vede persone altrettanto confuse per strada. Nota auto della polizia e ambulanze che sfrecciano con le sirene spiegate, mentre rumori assordanti risuonano per la città: metro, tram e treni si schiantano tra loro. Bill ancora non lo sa, ma il caos si sta diffondendo in tutto il pianeta."

"Tutte le forze armate sono in stato di massima allerta: i satelliti che monitorano i confini sono fuori uso. Le comunicazioni satellitari sono interrotte. Non arrivano più dati dallo spazio. I trasporti, così come i sistemi di navigazione, ne risultano gravemente colpiti. Presto gli scaffali dei supermercati saranno vuoti poiché molti beni vengono consegnati via mare o via aereo. Tuttavia, il traffico aereo e marittimo è gestito dai satelliti: gli aerei non possono decollare e le navi non possono lasciare i porti. Anche se gli scaffali fossero pieni, i prelievi dagli sportelli automatici sarebbero impossibili, poiché le transazioni bancarie sono congelate. In tutto il mondo si verificano interruzioni dell'energia elettrica. Le conseguenze per l'economia e la società sono enormi, potenzialmente catastrofiche. La polizia, i vigili del fuoco e i servizi di soccorso si trovano gravemente limitati, impossibilitati a intervenire tempestivamente. Privi di infrastrutture di comunicazione adeguate, non ricevono informazioni precise su dove intervenire."

"Improvvisamente suona la sveglia: sono le 7:00. Bill apre gli occhi e si alza: era tutto un brutto sogno."

14.3 Conclusioni

Gli esempi e il racconto riportati, anche se in modo un po' provocatorio, rispondono chiaramente a domande del tipo: "perché spendiamo così tanto denaro per esplorare lo spazio quando ci sono così tanti problemi sulla Terra?" e "a cosa serve davvero investire nell'innovazione tecnologica spaziale?". È tempo di accettare il fatto che la tecnologia spaziale permea ogni aspetto della nostra vita quotidiana in modo concreto, pur mantenendo un certo fascino misterioso, e che la nostra società non può più farne a meno. Allo stesso tempo, però, è importante ricordare che la tecnologia deve andare di pari passo con la sostenibilità, affinché il nostro progresso non diventi anche la nostra rovina. Il mio invito è quello di continuare ad innovare e di farlo in modo sostenibile, per un futuro migliore per tutti. Citando Carl Sagan, noi viviamo in

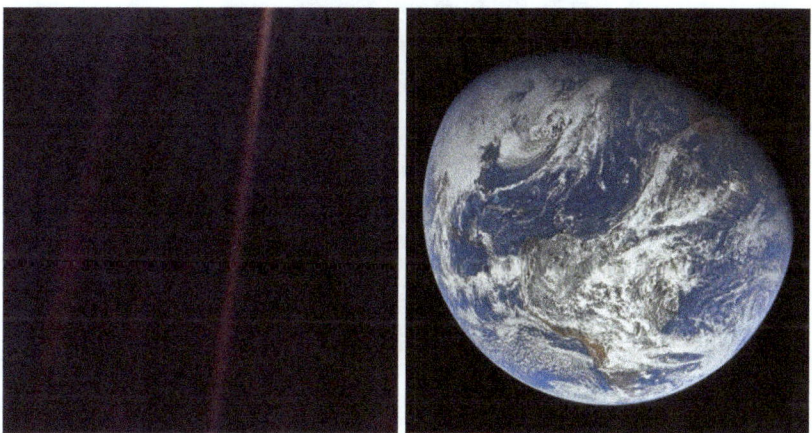

Figura 14.9 A sinistra, una fotografia della Terra (visibile al centro del raggio) scattata il 14 Febbraio 1990 da Voyager 1, ad una distanza di 6 miliardi di chilometri dal Sole. A destra: fotografia della Terra scattata dagli astronauti della missione Apollo 8 a Dicembre 1968. (Credito: NASA)

un "pallido puntino blu, un granello solitario nell'immensa oscurità cosmica che lo avvolge" (Fig. 14.9). La tecnologia spaziale è un mezzo straordinario per evolvere e prenderci cura del pallido puntino blu, sia sulla Terra che nello spazio.

Bibliografia

(1) https://www.nasa.gov/image-article/sputnik-1/
(2) https://www.nasa.gov/technology-transfer-spinoffs/
(3) https://www.kennedyspacecenter.com/blog/nasa-spinoffs
(4) https://homeandcity.nasa.gov/
(5) https://www.dlr.de/en/media/videos/2021/video-what-would-a-day-without-space-look-like
(6) https://www.ted.com/talks/alessia_gloder_we_are_all_space_users?subtitle=en&lng=it&geo=de

Alessia Gloder è Direttrice delle Applicazioni Spaziali presso AdapTronics, startup deep-tech italiana che sviluppa tecnologie di presa robotica per applicazioni industriali e spaziali. Con un background tecnico e manageriale internazionale, si occupa di strategia, sviluppo hardware, business development e crescita commerciale. Ha maturato esperienza in diverse startup aerospaziali, tra cui T4i – Technology for Propulsion and Innovation e Astradyne, oltre che in ambito accademico. Ha completato un Executive MBA in Business Innovation ed è due volte TEDx speaker. Da sempre attiva nella promozione dello spazio e dell'innovazione, è stata National Point of Contact per l'Italia dello Space Generation Advisory Council (SGAC) e fa parte del Rome Regional Network di Women in Aerospace – Europe. Partecipa regolarmente a iniziative di divulgazione, mentorship e promozione delle carriere STEM.

15

WIA-Europe Rome Regional Network e ruolo delle Donne

Cristina Valente

Riassunto L'articolo si focalizza sulla presenza femminile nel settore spaziale, con l'obiettivo di dare un messaggio di incoraggiamento alle nuove generazioni di donne che si affacciano a questo settore, promuovendo l'uguaglianza di opportunità. Si vuole far conoscere le donne che hanno contribuito in modo determinate nel settore spazio dimostrando di possedere abilità e competenze eccezionali e evidenziando come ignorare il loro potenziale possa essere un errore per l'innovazione. Le giovani donne hanno bisogno di vedere esempi di successo femminile quali modelli per aiutarle a costruire ambizioni più elevate. I rapporti sulla diversità di genere evidenziano che le donne sono storicamente sottorappresentate sia nel settore spaziale che in generale nelle discipline STEM (Scienza, Tecnologia, Ingegneria, Matematica), e affrontano molti ostacoli e discriminazioni che limitano le loro carriere. I modelli femminili aiutano a sfidare gli stereotipi e dimostrano che il genere non è un fattore limitante nel perseguire carriere di successo. Le donne apportano prospettive diverse in ambito professionale e decisionale, e questa diversità può portare a soluzioni più innovative, che possono innescare un cambiamento culturale nelle aziende e nelle istituzioni, e non solo contribuire, ma anche guidare e innovare. L'obiettivo è creare una società più equa e più inclusiva, che valorizzi il talento indipendentemente dal genere.

C. Valente (✉)
Telespazio, Roma, Italy
e-mail: cristina.valente@telespazio.com

15.1 Introduzione

Fin da bambina sono stata affascinata dallo spazio e dal mistero che avvolge il nostro pianeta. Questa curiosità mi ha portato a guardare oltre l'orizzonte, cercando di capire cosa ci sia oltre il cielo e come le attività spaziali possano influenzare la vita sulla Terra. In particolare, l'affrontare temi che toccano l'intera umanità, e l'avere l'opportunità di contribuire a progetti scientifici e tecnologici che hanno un impatto diretto sulla vita quotidiana. Inoltre, lavorare nel campo spaziale significa poter sfidare costantemente i limiti della tecnologia e della scienza, affrontando problemi complessi che richiedono creatività e un forte spirito di squadra.

15.2 Necessità di nuovi modelli di riferimento

Le donne hanno dimostrato di possedere abilità e competenze eccezionali nel campo della scienza, della tecnologia e del business, e ignorare il loro potenziale significa perdere preziose risorse per l'innovazione e la ricerca scientifica.

Affrontare il tema della presenza femminile nel settore spaziale ha l'obiettivo di dare un messaggio di incoraggiamento e supporto alle donne, in particolare alle nuove generazioni che stanno entrando nel mondo professionale legato allo spazio, universitario o industriale. Obiettivo è di sfidare stereotipi di genere e promuovere l'uguaglianza di opportunità (equità) in un settore tradizionalmente dominato dagli uomini.

I vari rapporti sulla *gender diversity* di quest'ultimi anni riportano che le donne sono state sempre sottorappresentate sia nel settore spaziale e che in generale nelle discipline STEM (Science, Technology, Engineering, Mathematics). Inoltre, i molti ostacoli e discriminazioni non hanno permesso di perseguire carriere di successo come i loro coetanei maschi. È quindi fondamentale promuovere modelli femminili positivi e dimostrare alle giovani donne che possono raggiungere grandi traguardi nel campo della scienza e del settore spaziale. Per il raggiungimento di questa consapevolezza di sé, è richiesto avere delle *role model*.

In particolare, è necessario rivolgersi alle ragazze che stanno frequentando studi universitari in discipline STEM, in modo da prepararle adeguatamente ad affrontare il passo successivo di inserimento nel mondo del lavoro, e alle bambine che stanno iniziando a esplorare i loro interessi e preferenze senza dover esser condizionate in un "mondo al femminile", dando loro la consapevolezza che, se appassionate, possono seguire i loro sogni e diventare future astronaute o scienziate o altre attività del questo mondo affascinante che è lo

Figura 15.1 Sala Operativa – Centro Spaziale Fucino. (Credito Telespazio)

Spazio. Quindi è necessario in queste fasce di età in cui si è maggiormente impressionabile e condizionabili, proporre modelli positivi e di figure femminili di successo da cui trarre ispirazione e incoraggiamento. Mostrare loro che le donne, con la loro proverbiale tenacia, possono eccellere nel settore spaziale e contribuire in modo significativo alla ricerca scientifica rompendo con i pregiudizi di genere e aprendo nuove prospettive di carriera per le future generazioni (Figura 15.1).

Altro aspetto da curare è la sensibilizzazione dell'opinione pubblica sull'importanza di includere le donne nel settore spaziale, garantire loro pari opportunità di accesso e di sviluppo professionale e ispirare le bambine a esplorare il mondo attraverso le discipline STEM.

Senza tralasciare i benefici che l'intera società ne trae, non solo come modello etico, ma dal punto di vista economico con un modello più inclusivo che porta l'intera società ad avere nuove prospettive e opportunità di crescita e sviluppo.

15.3 Visibilità delle donne

Solo negli ultimi anni si è data visibilità della presenza delle donne in questo settore e ripercorriamo i principali passi dove donne, ormai passate alla storia, hanno avuto un ruolo significativo e di come sia stato difficile arrivare alle piccole conquiste nella società moderna.

Per esempio non tutti sanno che le donne fanno parte di mondo degli astronauti fin dai primi passi con la prima donna astronauta nel 1963: la russa Valentina Tereskowa, nata il 6 marzo 1937 in Russia, il 16 giugno 1963, a bordo della navicella Vostok 6, ha completato 48 orbite intorno alla Terra, e dopo la sua carriera da cosmonauta, Tereškova ha ricoperto diversi ruoli politici e sociali nell'Unione Sovietica e nella Russia post-sovietica (Figura 15.2).

Figura 15.2 Valentina Tereshkova. (Credito: RIA Novosti archive, image #612748) Sally Ride. (Credito NASA) Claudie Haigneré e Samantha Cristoforetti. (Credito: ESA)

Nel 1983, dopo ben vent'anni, la NASA fece un importante passo avanti nell'inclusione delle donne nel campo spaziale con Sally Ride, la prima donna astronauta americana a volare nello spazio. Ride partecipò alla missione STS-7 dello Space Shuttle Challenger, rompendo una barriera significativa e diventando un'ispirazione per molte donne in tutto il mondo.

L'Europa arriverà dopo dieci anni con la francese Claudie Haigneré che ha partecipato a due missioni spaziali: la prima nel 1996 sulla stazione spaziale russa MIR e la seconda nel 2001 a bordo della ISS, dove è stata la prima donna europea, e finalmente nel 2014 anche l'Italia avrà la sua prima astronauta donna con Samantha Cristoforetti che ha ispirato tantissime giovani che hanno scelto il percorso STEM aumentando le iscrizioni ad Ingegneria Aerospaziale di circa il 12%.

Un altro momento cruciale per la visibilità delle donne in NASA avvenne nel 2016 con l'uscita del film "Il diritto di contare" (Hidden Figures). Questo film ha portato alla luce le storie di tre donne afroamericane che hanno avuto un ruolo fondamentale negli anni '60: Dorothy Vaughan, Katherine Johnson, e Mary Jackson (Figura 15.3).

Nonostante le difficoltà razziali e di genere del periodo, queste donne hanno dimostrato competenze eccezionali che hanno contribuito in modo significativo ai successi della NASA.

Katherine Johnson, una brillante matematica, fu esplicitamente richiesta da John Glenn per verificare i calcoli necessari al suo storico volo orbitale del 1962, poiché all'epoca i computer elettronici non erano considerati completamente affidabili. Mary Jackson divenne la prima ingegnera donna della NASA, superando numerosi ostacoli grazie al sostegno di alcuni colleghi uomini che riconobbero il suo talento e le sue capacità. Dorothy Vaughan è stata una brillante matematica e pioniera afroamericana nel campo dell'informatica. È conosciuta per il suo lavoro alla NASA, fu una figura chiave nel calcolo

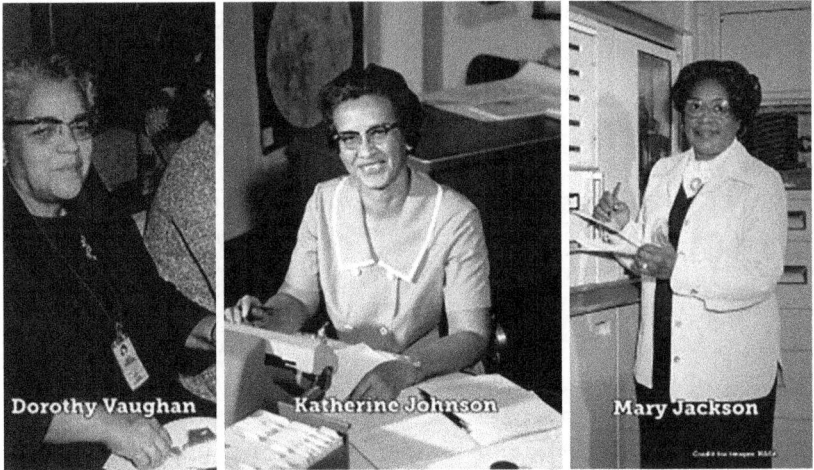

Figura 15.3 Dorothy Vaughan, Katherine Johnson, e Mary Jackson. (Credito NASA)

manuale e contribuì in modo significativo all'integrazione della tecnologia informatica nelle missioni spaziali.

Il messaggio veicolato nella produzione di questo film è che l'intelligenza e le capacità non sono determinate né dalla razza né dal genere e le loro storie evidenziano come le donne, nonostante avessero poca visibilità e risalto all'epoca, svolgevano ruoli cruciali all'interno dell'agenzia spaziale. Queste donne hanno dimostrato che, con il giusto supporto e opportunità, possono raggiungere risultati straordinari in campi storicamente dominati dagli uomini.

Ne possiamo dedurre che le donne non devono porsi limiti, e non devono avere paura delle difficoltà. Nulla è impossibile: può essere difficile, ma con impegno e dedizione, i risultati arrivano. Questo vale in ogni settore e nella vita in generale. Le materie STEM (Scienza, Tecnologia, Ingegneria e Matematica) possono sembrare spaventose, ma con serietà e impegno diventano gestibili e accessibili. La serietà e la professionalità si conquistano solo con l'impegno quotidiano e la volontà di credere in sé stesse.

La parità di genere è uno degli obiettivi dell'Agenda 2020–2030 delle Nazioni Unite perché è condizione necessaria per la crescita. Bisogna perseguire l'uguaglianza, esaltando le differenze. Ogni donna ha il potenziale per raggiungere grandi risultati e contribuire significativamente in ogni campo, dalle STEM alla leadership, dall'arte alla politica. Credete in voi stesse, lavorate con impegno, e sappiate che il vostro contributo è prezioso e necessario per costruire un mondo migliore e più equo per tutti.

15.4 La multidisciplinarietà nel settore spaziale

Un ulteriore aspetto da evidenziare è che oggi il settore spaziale, grazie ad una evoluzione della Space Economy, vede l'importanza crescente di molte altre discipline per finalizzare piani strategici e sviluppare nuovi progetti e missioni spaziali. Le attività spaziali sempre più seguono processi diversi, poiché la loro natura economica e i loro impatti socio-economici richiedono anche il coinvolgimento degli investimenti privati.

Per esempio, l'aspetto legale è fondamentale quale cornice che influenza le regole da seguire, come i trattati internazionali in vigore, spesso considerati superati, che regolano la gestione dello spazio extra-atmosferico. La legge spaziale sta diventando un tema di crescente rilevanza, poiché nuove attività e tecnologie spaziali sollevano questioni giuridiche complesse. Allo stesso modo, l'aspetto economico richiede competenze finanziarie sempre più sofisticate per valutare investimenti, gestire risorse e pianificare missioni sostenibili dal punto di vista economico.

In sintesi, il settore spaziale odierno non si limita più solo a scienza e ingegneria, ma coinvolge un'ampia gamma di competenze che includono il diritto, l'economia, la gestione aziendale e molte altre discipline. Questo approccio multidisciplinare è essenziale per affrontare le sfide moderne e sfruttare appieno le opportunità offerte dalla Space Economy.

15.5 Women in Aerospace Europe Rome Regional Network

Dopo questa breve introduzione di alcuni temi che aprono riflessioni e discussioni sostanziali, e che hanno motivato l'associazionismo per portare avanti le battaglie delle donne.

In particolare, per il settore spaziale, nasce in Europa nel 2009, l'associazione Women in Aerospace (WIA) Europe, su iniziativa di Simonetta Di Pippo e Claudia Kessler, come estensione delle Women in Aerospace nata negli USA nel 1985. Successivamente, nel 2013 viene costituito il Local Group Rome, oggi rinominato come Rome Regional Network. L'area di Roma è stata selezionata perché ospita un gran numero di attività legate all'aerospaziale, dalle università alle aziende, dalle istituzioni di ricerca agli enti governativi: tutti operano nella Città Eterna o nelle sue vicinanze. Sin dalla fondazione, il nostro obiettivo è stato quello di riunire la vasta comunità spaziale italiana a sostegno di una forza lavoro più diversificata ed equa, attrarre i nostri membri e stimolare l'interesse della nuova generazione per le discipline STEM. La nuova economia spaziale ha esteso i confini e oggi le attività legate all'aerospazio sono disseminate sull'intero territorio italiano, e il gruppo di Roma rappresenta la nuova realtà.

Negli ultimi dieci anni, l'associazione ha visto una significativa crescita, con un forte supporto da parte del settore nazionale. Tale supporto si è manifestato sia nell'aumento del numero dei membri e sia nell'adesione da parte di aziende italiane. WIA-Europe è una piattaforma che riunisce donne del settore aerospaziale e supporta le giovani generazioni attraverso modelli di ruolo e selezioni di premi, creando un network a livello europeo per promuovere il ruolo delle donne nelle istituzioni, nelle industrie e nella ricerca.

La comunità di WIA Europe è in continua crescita e oggi conta più di 800 iscritti da tutta Europa. Queste persone sono unite dalla passione per il settore aerospaziale e dal comune obiettivo di valorizzare e stimolare l'interesse delle nuove generazioni verso le discipline STEM. L'associazione lavora per costruire una comunità spaziale inclusiva e priva di discriminazioni di genere.

In particolare, il Rome Regional Network si è distinto per la sua costante attività promozionale. Negli ultimi dieci anni, molte giovani donne hanno acquisito una forte consapevolezza delle proprie capacità, crescendo professionalmente e dimostrando coraggio e determinazione, ottenendo risultati eccellenti. Questo dimostra che con il giusto supporto e l'opportunità di mettersi in gioco, le donne possono raggiungere traguardi straordinari nel settore aerospaziale. Inoltre, lo sviluppo tecnologico e l'avvento del digitale hanno fortemente contribuito a far evolvere e avvicinare il settore aerospaziale al grande pubblico e il Rome Regional Network ha avuto la capacità di farsi conoscere, creare diverse collaborazioni e raggiungendo circa 200 membri disseminati sul territorio nazionale contribuendo così all'aumento degli iscritti a WIA Europe.

Il primo dicembre 2023 abbiamo festeggiato i primi dieci anni dalla sua fondazione con un evento ospitato presso la prestigiosa sede dell'ASI (Figura 15.4).

Durante questo evento, "Donne fra le Stelle" ha partecipato con il suo patrocinio.

Nel corso di questi dieci anni, il Rome Regional Network ha organizzato numerose attività, tra cui seminari, corsi e progetti di sensibilizzazione sulla diversità e parità di genere, utilizzando sia incontri in presenza che piattaforme digitali per superare eventuali limiti territoriali (Figura 15.5).

Le tematiche trattate sono state varie e hanno coinvolto esperti e professionisti del settore spaziale a livello nazionale, europeo e internazionale. Gli argomenti hanno spaziato tra diverse discipline, comprese quelle scientifiche, tecnologiche, economiche, legali e legate al business.

Figura 15.4 Locandina dell'evento celebrativo dei dieci anni del Rome Regional network di WIA Europe e l'evento è visionabile su YouTube. (https://www.youtube.com/watch?v=vlrntAcur-Y&t=31s)

Figura 15.5 Foto di momenti significativi del WIA Europe Rome Regional network

Ovviamente, il tema dell'uguaglianza di genere è stato il *fil rouge* di tutte le nostre iniziative, con l'obiettivo di creare una comunità spaziale inclusiva e le attività non solo hanno contribuito alla crescita professionale delle partecipanti, ma hanno anche stimolato l'interesse delle nuove generazioni verso le discipline STEM, promuovendo un ambiente lavorativo equo e senza discriminazioni.

Seguiteci sulla nostra pagina web (https://www.wia-europe.org/rome-2/) e sui nostri social (LinkedIn, Instagram, Facebook) e unitevi alla nostra comunità!

Cristina Valente ha maturato una esperienza ventennale nel settore aerospaziale lavorando sia nel settore pubblico che in quello privato dove ha da sempre contribuito alle attività della sfera strategica/commerciale interagendo con i maggiori esperti del settore e con le agenzie spaziali più attive nel mondo. In tal senso, con un background legale, ha acquisito una competenza specifica in materia di diritto aerospaziale, space economy, space policy e gestione commerciale di programmi spaziali a livello nazionale ed europeo con una particolare attenzione all'approccio strategico. Attualmente è responsabile Key Account Istitutional in Telespazio e coordina il progetto Moonlight, nell'ambito del segmento Esplorazione Lunare, come responsabile della parte commerciale. Ha seguito e collaborato, precedentemente con diversi ruoli, in programmi complessi a livello europeo quali Galileo, Copernicus, ExoMars, IXV, Space Rider e IOServices, e a livello nazionale come Cosmo SkyMed, Prisma e il progetto d-Flight. Possiede una profonda conoscenza delle dinamiche del mercato spaziale e delle esigenze dei clienti, con forti competenze nella costruzione e nel mantenimento di relazioni a lungo termine con i clienti, e nel concretizzare partnership strategiche grazie anche alle forti capacità di negoziazione.

16

AISE e ruolo delle donne nell'Ingegneria dei Sistemi

Emanuela De Fazio

Riassunto Questo capitolo ha l'obiettivo di presentare brevemente il ruolo della donna nelle funzioni tecniche delle organizzazioni, la disciplina dell'Ingegneria dei Sistemi e l'Associazione AISE INCOSE Italia. Oggi la donna ha un ruolo sempre maggiore nelle organizzazioni perché ha dimostrato di riuscire a navigare la complessità del mondo che la circonda grazie ad una combinazione di competenze ed attitudini legate all'intelligenza logico-razionale ed emotiva. Combinare in modo armonico cose diverse è uno degli ingredienti dell'Ingegneria dei Sistemi ed anello di congiunzione col mondo femminile. Da molti la disciplina è vista come qualcosa da "addetti ai lavori" mentre è invece qualcosa che deve permeare globalmente qualsiasi organizzazione, perché fatta di technicalities ma ancora di più da stile, perché cambiando l'ampiezza e la profondità della sua applicazione permette di avere una migliore consapevolezza degli scenari, una maggiore capacità di analizzare i problemi e una più ampia propensione nel disegnare soluzioni affidabili e sostenibili. Per avvalorare la trattazione si fornisce un esempio appartenente al segmento dell'Aerospazio, Difesa e Sicurezza. La valorizzazione di tale patrimonio culturale è una delle missioni di AISE, Associazione che rappresenta la community di INCOSE in Italia e che unisce professionisti provenienti da diversi ambiti industriali mossi dalla stessa passione.

E. De Fazio (✉)
AISE INCOSE Italia e Unit GCAP, Leonardo, Roma, Italy
e-mail: emanuela.defazio@leonardo.com

© The Author(s), under exclusive license to Springer Nature Switzerland AG 2025
P. Caraveo, A. Nassisi (Curatori), *Donne fra le stelle*,
https://doi.org/10.1007/978-3-031-83823-1_16

16.1 Introduzione

Le materie STEM sono state sempre percepite come discipline più complesse e complicate delle altre e pertanto solo persone dal carattere forte, determinato, aggressivo e competitivo potevano prenderne parte. Di conseguenza una domanda che spesso si sente porre ai professionisti negli eventi di natura scientifica o sulla carta stampata è "Perché ti sei avvicinato a tale materia?" Mi sono sempre chiesta perché è più facile vederla porre ad una donna che ad un uomo ma in ogni caso posta la domanda la risposta, nel mio caso, potrebbe essere molto articolata. Semplificando un po' penso di avere sempre creduto che ognuno nel suo piccolo debba e possa avere una missione e che tale missione debba partire dalle passioni e dalle attitudini – cioè dalle cose che ci fanno stare meglio e che ci vengono meglio. Nel mio caso educazione, passioni ed attitudini mi portavano verso discipline STEA(Art)M e verso tutto ciò che queste comportavano. In particolare, l'Ingegneria e la Musica hanno accompagnato per diversi anni il mio viaggio, fino a quando la seconda ha cambiato un po' ruolo (il desiderio di diventare musicista è rimasto un po' là – fermo tra i ricordi) lasciando il campo alla prima. Di questa mi ha sempre catturato l'ampio ventaglio di opportunità che fornisce: dare corpo alle idee, capire l'ampiezza, l'origine e le possibili evoluzioni dei fenomeni, la relazione tra le cose, trovare soluzioni a problemi complessi, trovare soluzioni "belle e durature" ... ed ecco che all'età di diciotto anni mi trovai nella Facoltà di Ingegneria (insieme a tante donne che ahimè anno per anno diventavano sempre di meno).

16.2 Ruolo della donna nell'Ingegneria dei Sistemi

Il ruolo della donna nell'Ingegneria dei Sistemi unisce due argomenti molti ampi e attuali ed in particolare la diversa sensibilizzazione dell'opinione pubblica sui temi delle pari opportunità di genere e la sempre maggiore necessità di ricorrere al pensiero sistemico/sistemistico per affrontare le sfide del contesto in cui oggi si vive. Fino a un paio di decenni fà le funzioni tecniche della grande industria erano a completo appannaggio dell'uomo, ma i numeri degli ultimi anni sono confortanti e ci indicano che il genere femminile inizia a trovare un suo spazio e che i risultati raggiunti non sono diversi da quelli dei colleghi dell'altro sesso.

La donna ha dimostrato di poter mobilitare in modo diverso risorse derivanti dall' intelligenza razionale, sociale, relazionale ed emotiva anche perché esposta in modo più ampio e prolungato all'esercizio di ruoli sociali ad essa per tradizione associati quali quelli della genitorialità, della cura delle generazioni precedenti e della casa.

Questi per lungo tempo sono stati percepiti come un limite nella disponibilità di tempo e nella libertà di viaggiare ed hanno portato la donna a cercare un maggiore work-life balance ed a volte a rinunciare ad opportunità di crescita. D'altro canto però la duplicità di ruoli l'ha indotta negli anni a lavorare molto intensamente sulle competenze, sulla qualità, l'ha spinta a cercare il coraggio di agire ed un equilibrio fra le varie esigenze.

È diventata pertanto sempre più presente nelle funzioni tecniche ed ingegneristiche delle organizzazioni iniziando a ricoprire ruoli di sempre maggiore responsabilità.

16.3 Alcuni esempi di applicazione dell'Ingegneria dei Sistemi

Per trattare più da vicino l'applicazione dell'Ingegneria dei Sistemi, capirne l'importanza e le competenze necessarie, passiamo ora ad un caso specifico, quello dei sistemi di Comando, Controllo, Computers, Comunicazione, Cyber, Intelligence, Sorveglianza e Riconoscimento (di seguito riferiti con C5ISR, Figura 16.1), sistemi del comparto dell'Aerospazio, Difesa e Sicurezza (di seguito riferito con ADS). Tale ambito è molto ampio e variegato, ricco di

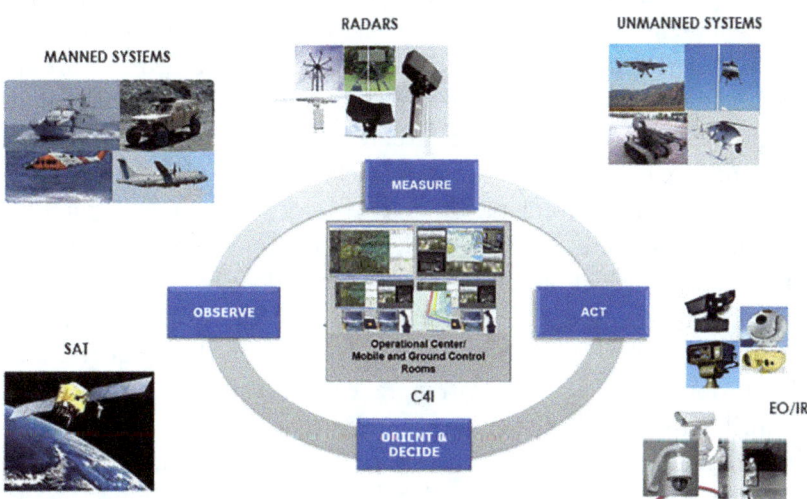

Figura 16.1 Sistemi C5ISR

elementi di scenario che gli hanno conferito negli anni non solo un indice di complessità e di rischiosità elevato ma anche una posizione privilegiata che lo ha reso culla ed avanguardia della ricerca scientifica, dell'innovazione organizzativa, tecnologica e di processo. Il segmento riveste un'importanza strategica unica per lo sviluppo geopolitico e geo economico di un paese perché di fatto rilevante per l'autonomia, la sovranità e la leadership tecnologica e pertanto si presta molto bene sia ad una trattazione di natura industriale che di natura politica/sociale.

Le soluzioni C5ISR supportano gli utenti/clienti del comparto ADS – forze armate, forze paramilitari, forze civili, agenzie sovranazionali, grandi organizzazioni proprietarie di infrastrutture critiche – nelle rispettive missioni operative. Ciascun utente in funzione del modello di governance del proprio paese ha uno spazio di ruoli e responsabilità. E tali responsabilità vengono esercitate attraverso l'integrazione ed il coordinamento di molti elementi: Dottrina, Organizzazione, Training, Materiali, Leadership, Personale, Facilities – Policy & Interoperabilità (DOTMLPF-PI). L'ambito "materiali" è costituito da piattaforme, equipaggiamenti e sistemi operanti in una delle cinque dimensioni – terra, mare, aria, spazio e cyber – utilizzabili in postazioni fisse, mobili o deployable, pilotate o non pilotate. I sistemi C5ISR sono quasi sempre sistemi di sistemi, composti da più sottosistemi e componenti, caratterizzati da architetture operative complesse, basate su modelli gerarchici, federati o misti composte da nodi locali/tattici, regionali/operativi, nazionali/strategici. Possono supportare una o più missioni operative, essere utilizzati in configurazioni diverse (sotto comando nazionale, internazionale, NATO, EU o ONU) e forniscono agli utenti finali superiorità informativa, rapidità decisionale, efficacia nell'azione, capacità di valutare le performance raggiunte, ed in funzione di un eventuale mancato raggiungimento degli obiettivi target l'opportunità di riconfigurare, ri – programmare ed attuare l'architettura di missione. Il sistema di Comando e Controllo – cuore e cervello della soluzione – ha l'obiettivo di raccogliere i dati provenienti da diverse sorgenti, analizzarli, interpretarli, costruire una picture operativa accurata, supportare la programmazione, il tasking, l'esecuzione e il monitoraggio della missione assegnata.

Tutti i sistemi/componenti coinvolti in queste soluzioni e la loro integrazione in un'unica architettura devono rispondere ad una elevata quantità di requisiti funzionali (brevemente citati sopra) e non funzionali, quali ad esempio: garantire il massimo dell'efficienza col minimo consumo di risorse, flessibilità, affidabilità, continuità del servizio, interoperabilità, sicurezza, safety, prestazioni real-time, efficacia, manutenibilità nel tempo e nello spazio, certificabilità e sostenibilità.

Tale livello di complessità richiede varie cose: l'adozione di processi strutturati, programmabili, ripetibili, controllabili, flessibili, l'utilizzo di competenze tecniche e gestionali robuste e strumenti di gestione e progettazione integrati e consistenti. Ma prima di andare avanti alcune riflessioni del perché parlare di Difesa in un contesto spaziale. I due ambiti pur avendo molte specificità hanno anche diverse comunalità ricevendo l'influenza delle dimensioni politiche, economiche, sociali, tecnologiche e legislative (PESTL) molto di più rispetto ad altri settori industriali e sviluppando framework contrattuali e gestionali molto simili. I programmi che in essi si sviluppano sono spesso avviati a seguito di accordi intergovernativi o inter agenzie – risentendo dell'impatto dei mutamenti degli equilibri politici; muovono ingenti somme di denaro su lunghi periodi cambiando il proprio andamento in funzione di quello dei mercati economico – finanziari; sono sviluppati attraverso value chain e supply chain molto ampie, distribuite e frammentate geograficamente e questo genera team di progetto virtuali con varia composizione in termini di generazioni, lingua, provenienza, background educativo e professionale, religione. Le variabili della dimensione sociale, quindi, rientrano ampiamente nella vita di programma e si riflettono sui comportamenti dei paesi e degli individui, sull'opinione pubblica, sulle esigenze del mercato e sulle organizzazioni coinvolte. I programmi dei due comparti (Difesa e Spazio) hanno inoltre cicli di sviluppo misurati normalmente in decenni e questo impone alle organizzazioni un'attenzione alta verso molti altri aspetti, quali quelli normativi e legislativi, contrattuali e di certificabilità, tecnologici perché l'innovazione è sempre più veloce ed impatta sempre di più la value chain, la domanda, l'offerta, ed i processi di progettazione e produzione.

16.4 Modelli e processi

In questo contesto l'Ingegneria dei Sistemi fornisce alle organizzazioni un mindset ed un set di processi multidisciplinari, olistici ed iterativi che consentono di gestire in modo efficace ed efficiente l'intero ciclo di vita delle soluzioni, dalla fase di concept fino alla dismissione. La definizione della tassonomia e di un modo omogeneo di rappresentare i processi di sviluppo fornisce a gruppi ampi e misti l'opportunità di avere un unico vocabolario con cui confrontarsi, un unico sistema di riferimento in cui interagire ed una serie di strumenti affidabili, completi, accurati e di qualità.

Gli approcci suggeriti con gli anni si sono evoluti: dall'utilizzo del V-MODEL (modello che sostiene attraverso una serie di Inputs ed Outputs

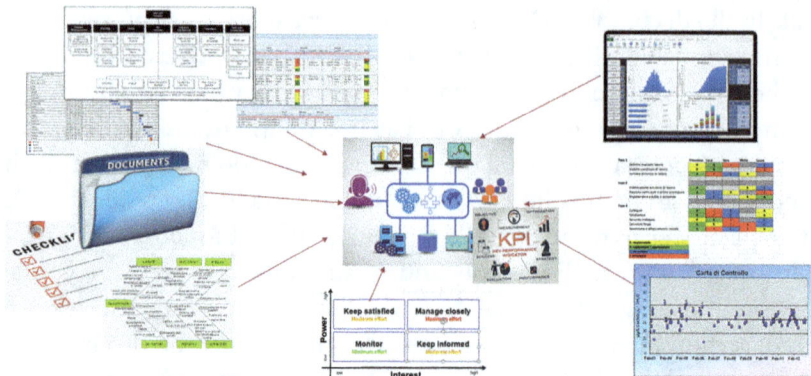

Figura 16.2 Tool Chain Integrata

i processi di analisi, disegno, implementazione, integrazione, verifica e validazione dei sistemi) al Model Based Systems Engineering (che permette di guidare tutta la progettazione attraverso un modello digitale e non attraverso documenti); dai metodi tradizionali iterativi/incrementali a quelli agile/lean o ibridi (che combinano approcci più lenti e corposi a modelli più rapidi e snelli); da tecniche tradizionali di prototyping al Digital Twin che permette di realizzare prototipi virtuali del sistema e di verificarne in laboratorio costi, fattibilità, alternative tecnologiche, comportamenti, sostenibilità, processi produttivi, manutenibilità; da tool dedicati ad una singola fase a tool chain integrate che permettono di realizzare un unico Information System a sostengono dell'intero ciclo di vita di programma e di prodotto (Figura 16.2).

Creare valore e sviluppare soluzioni affidabili e competitive nel contesto industriale complesso di oggi non è semplice per le organizzazioni ma si è compreso da tempo che la disciplina dell'Ingegneria dei Sistemi può rappresentare un abilitatore importante da utilizzare a tutti i livelli gerarchici ed in qualsiasi contesto progettuale. Per acquisirne i vantaggi è necessario lavorare in modo incrementale, educando le organizzazioni e gli individui. È importante fare ciò in modo trasversale e a più livelli non trascurando l'orientamento alla programmazione strategica, operativa e all'innovazione. È indispensabile lavorare sulla formazione e sullo sviluppo degli individui favorendo abilità tecniche e di business ma anche soft skills quali capacità di osservazione, di ascolto, immaginazione, collaborazione, comunicazione, creatività, attitudine verso i processi e le scienze. In questo contesto di evoluzione e di complessità crediamo fortemente che il valore fornito dalla donna non sia inferiore a quello fornito da altri e che le sue capacità relazionali, comunicative e creative unite al pragmatismo possano e debbano trovare ampio spazio nelle organizzazioni.

16.5 Cos'è AISE ed INCOSE

AISE è l'Associazione Italiana di Ingegneria dei Sistemi. Nata nel 2009 come capitolo italiano dell'International Council on System Engineering (INCOSE) ne implementa a livello nazionale la missione e lo fa derivando dal Piano Strategico globale alcune direttrici strategiche ed operando attraverso una struttura organizzativa composta da volontari. INCOSE nasce nel 1990 in California con la missione di voler supportare l'uomo e le organizzazioni nell'affrontare le nuove sfide della società, andando ad indirizzare non solo i processi di progettazione dei sistemi ma anche quelli di innovazione tecnologica (Figura 16.3). Intorno ad essa si è formata una community professionale che definisce ed aggiorna un suo piano pluriennale, opera localmente attraverso i chapter (oggi circa 70), realizza una serie di "prodotti/servizi" per lo sviluppo della disciplina, crea relazioni costruttive e di confronto tra professionisti provenienti da diversi segmenti di business, diverse geografie, con diverso background e seniority. Uno dei prodotti principali è rappresentato dall'Handbook di Systems Engineering una guida all'applicazione di processi nello sviluppo di sistemi complessi in linea con uno degli standard maggiormente riconosciuti, quello ISO/IEC 15288.

INCOSE ha di recente elaborato la propria Vision 2035 partendo dall'analisi del contesto di mercato, dall'attuale livello di maturità della disciplina e delle organizzazioni, da come le pratiche ed i processi di Ingegneria dei Sistemi siano o debbano evolvere (Figura 16.4). Tale elaborazione ha preso in considerazione tutte le dimensioni sociali in cui le entità di business, di qualsiasi tipologia, dimensione e complessità – si muovono oggi e si è soffermata su quella tecnologica riconoscendo che i nuovi trends (in primis quelli lega-

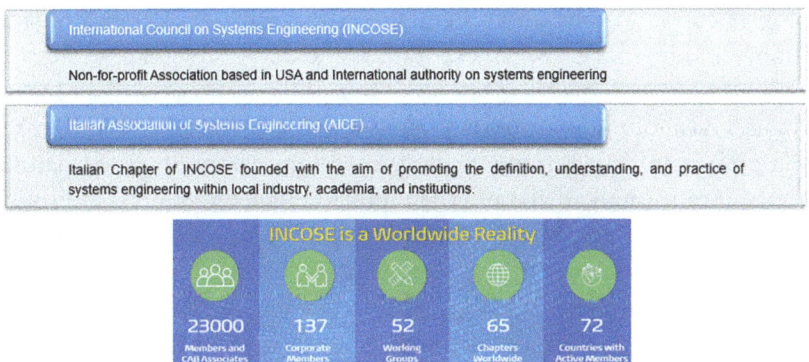

Figura 16.3 INCOSE ed AISE. (Credito INCOSE ed AISE)

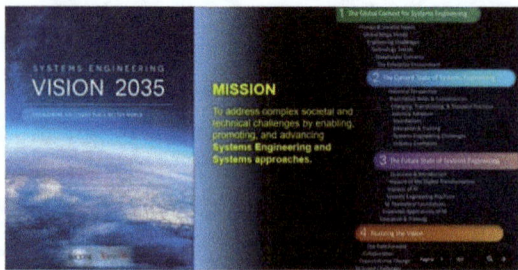

Figura 16.4 INCOSE Vision 2035. (Credito INCOSE ed AISE)

ti alla Digital Transformation ed all'Artificial Intelligence) stanno cambiando profondamente l'uomo e le sue esigenze, il mercato del lavoro ed il tessuto economico – produttivo in modo globale.

L'Associazione centrale e periferica sviluppa la propria missione anche attraverso un'ampia e fitta rete di collaborazioni che annovera l'IEEE, il Systems Engineering Research Center (SERC), lo Steven Institute of Technology, il MIT, il Project Management Institute, importanti Accademie, Centri di Ricerca ed Organizzazioni. Organizza inoltre eventi educativi, di training, di sviluppo professionale e prepara prodotti editoriali con taglio didattico vario.

16.6 Conclusioni

Nell'immaginario comune le Scienze, la Tecnologia e l'Ingegneria sono gli elementi che hanno abilitato il genere umano a raggiungere oggi un progresso inimmaginabile fino a pochi decenni fà. Grazie alle Scienze l'uomo ha capito molte cose: come funziona ed evolve il proprio corpo, quali sono i principi e le regole con cui evolvono i sistemi che lo circondano, come cambiano le relazioni fra individui ed organizzazioni, come poter preservare sé stesso e la propria terra (forse sì ma forse più no). Grazie alla Tecnologia ed all'Ingegneria l'uomo ha avuto l'opportunità di dare forma e concretezza ai propri sogni ed alla propria immaginazione; ha potuto esplorare e sperimentare dando risposte ad interrogativi ed alle proprie ambizioni; ha affermato sé stesso in un mondo complesso e complicato. Ma queste da sole probabilmente non avrebbero condotto a nulla se non fossero state mosse anche dalle altre dimensioni umane: quella spirituale, emotiva, sociale, relazione, creativa ed artistica.

Guardando al futuro è ora evidente che gli scenari globali stanno cambiando sotto la pressione delle nuove tecnologie e dei nuovi equilibri geo politici. Le esigenze dell'uomo si trasformano ed anche le professioni del domani saranno

Figura 16.5 Messaggi di fine intervento

diverse da quelle a cui oggi siamo abituati. Scienze, Tecnologia ed Ingegneria continueranno a fornire all'uomo le conoscenze e gli strumenti per poter progredire e comprendere come i fenomeni evolvono nel tempo e nello spazio. Ma sarà sempre più importante adattarsi, cambiare, riconoscere i mutamenti in modo tempestivo ed adeguato, trovare nuovi equilibri, disimparare e imparare velocemente. In questa trasformazione una cosa continuerà ad essere sempre vera: le organizzazioni dovranno creare valore e potranno farlo solo anticipando il mercato, creando *sistemi* innovativi ma soprattutto valorizzando le persone – uomini o donne che siano, indipendentemente dal genere, dall'età anagrafica, dalla provenienza geografica, dal credo o da altre variabili che fino a prova contraria sembrano non incidere sulla loro affidabilità e sul risultato finale!

Emanuela De Fazio si è laureata in Ingegneria Informatica ad indirizzo Elettronica e Telecomunicazioni presso UNICAL (1999). Ha conseguito un Master in Business Administration, le certificazioni PMP, CMC, Training Manager, CMMI Appraisal Team Member ed Elis Role Model. Ha lavorato in Metoda SpA, Oracle Italia ed Alenia Marconi System (oggi Leonardo). Ha svolto i ruoli di System Engineer e Program Manager su contratti nazionali del segmento militare, in gruppi di lavoro NATO/EU, in diverse aree organizzative (Pianificazione Strategica, Marketing e Business Development, Pianificazione Tecnologica e di Prodotto, Human Resources e Digital Transformation). Lavora oggi nella funzione di Technology Development della Business Unit Global Combat Air Programme di Leonardo. Ha pubblicato diversi articoli scientifici (IEEE, Leonardo Polaris, Confindustria, AIRI, AFCEA, ANUTEI, varie Newsletter). E' volontaria attiva del Project Management Institute dal 2009 ed ha ricoperto il ruolo di Direttore della Formazione per il PMI Central Italy Chapter dal 2016 al 2019. È volontaria attiva anche di AISE INCOSE Italia dal 2011 ed è per questa Chief Editor dal 2016. Si occupa da oltre 10 anni di formazione STEM nelle scuole con progetti PMI, INCOSE ed è Role Model e Mentor nei progetti "Sistema Scuola Impresa" ed "School4Life" di Elis/Leonardo.

17

Una roccia spaziale per amica

Luisa Pontecorvo

Riassunto In questo contributo si esaminano gli asteroidi, corpi rocciosi dalle svariate dimensioni, illustrando le loro origini, le loro composizioni e dove sono localizzati. Si passa a evidenziare le missioni spaziali per la difesa planetaria di asteroidi in collisione con la terra fino ad arrivare alle prime scoperte, evidenziando il lavoro di un astronomo dell'800 dell'Osservatorio Astronomico di Capodimonte. Concludendo con un piccolo contributo nella ricerca di asteroidi con il programma della NASA International Astronomical Search Collaboration (IASC).

17.1 Introduzione

Non so dove sia nata questa grande passione per l'universo, oso definirla innata, le sue origini nessuno le conosce un pò come non sapere cosa ci sia stato prima del Big Bang. Ho conseguito un diploma scientifico nel 2024 proseguendo gli studi all'università di Salerno iscrivendomi alla facoltà di Fisica per inseguire questo mio sogno.

L. Pontecorvo (✉)
University of Salerno, Salerno, Italy

17.2 Cosa sono gli asteroidi?

Gli asteroidi sono corpi rocciosi delle dimensioni comprese tra qualche centinaio di metri e circa i 900 km. Sono detti anche "pianetini" per le loro dimensioni ridotte. Hanno una forma generalmente irregolare a causa delle continue collisioni che avvengono tra di loro e ne esistono di diversi tipi. Asteroide di tipo C, oggetti scuri e carboniosi, S per gli oggetti rocciosi (silicati) e tipo U per tutti gli altri. Alcuni sono composti per lo più di metalli, altri di roccia, altri ancora contengono acqua ghiacciata e composti del carbonio.

Di come si sono formati gli asteroidi non si ha ancora la certezza, ma probabilmente si tratta di resti di un pianeta mancato che avrebbe dovuto formarsi tra Marte e Giove. Ed è proprio tra Marte e Giove che si trova la fascia principale, chiamata anche fascia degli asteroidi da dove provengono la maggior parte di essi (Figura 17.1).

Un asteroide ha una tipica orbita circolare, si trova relativamente vicino al piano dell'eclittica ma alcuni possono avere orbite anche molto eccentriche e si possono estendere ben oltre al piano dell'eclittica (Figura 17.2).

Il primo asteroide ad essere scoperto ma anche il primo ad essere osservato è Cerere (Figura 17.3), scoperto da Giuseppe Piazzi nel 1801 dall'osservatorio Reale di Palermo. Poco più di un puntino luminoso visibile al telescopio, Cerere ancora oggi risulta essere il più grande asteroide fin ora scoperto, collocato nel 2006 nella nuova classe dei pianeti nani, ma con la missione Dawn

Figura 17.1 Fascia principale degli asteroidi. (Credito Stocktrek Images)

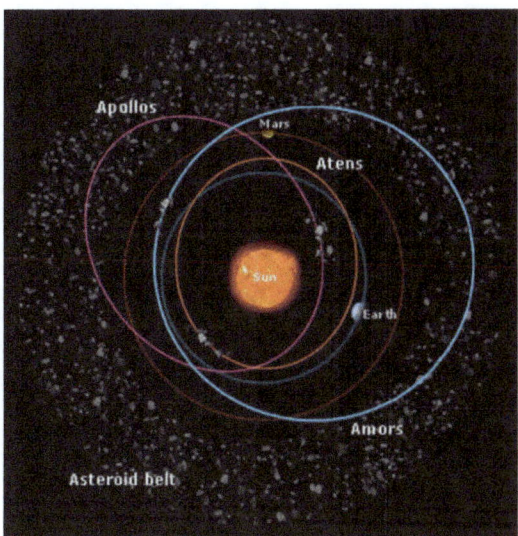

Figura 17.2 Orbita Asteroidi. (Credito ESA)

Figura 17.3 Asteroide Cerere. (Credito NASA)

della Nasa si è scoperto che Cerere non è una semplice roccia, ma è un vero è proprio "mondo" con una sua geologia, una struttura interna e un'esosfera, lo seguono per dimensioni Pallade, Vesta e Igea. Ed è proprio Igea ad essere stato scoperto da un altro italiano, l'astronomo abruzzese Annibale de Gasparis, che dall'osservatorio astronomico di Capodimonte a Napoli tra il 1849 e

Figura 17.4 Missione spaziale Dart. (Credito NASA)

il 1853 scoprì ben altri nove asteroidi, il primo appunto è Igea di dimensioni più grandi rispetto agli altri, residente nella fascia di asteroidi e composto principalmente di materiale carbonioso.

Gli asteroidi continuano ad essere studiati grazie a varie missioni a loro dedicate, ad esempio il 24 novembre 2021 a bordo di un razzo Falcon 9 della società Space X partì la sonda Dart della NASA (Figura 17.4), che ha completato con successo la sua missione il 26 settembre 2022 schiantandosi contro l'asteroide Dimorphos in orbita intorno al più grande Dydimos. La missione aveva come obbiettivo quello di deviare l'orbita dell'asteroide satellite. Il 7 ottobre 2024 l'ESA ha lanciato un altro veicolo spaziale, Hera, verso Dimorphos con l'obbiettivo di raccogliere dati del cratere da impatto prodotto dalla collisione della missione Dart, ad esempio la dimensione del cratere, la massa dell'asteroide, la sua formazione e la struttura interna. Queste due missioni serviranno a capire se la tecnica dell'impatto sarà sufficiente per una eventuale futura missione che si proponga di deviare la traiettoria di un asteroide in rotta di collisione con la terra.

Altra missione intrapresa dalla NASA per lo studio di asteroidi è quella che ha visto come protagonista l'asteroide Bennu. L' 8 settembre del 2016 da Cape Canaveral è stata lanciata la sonda Osiris-Rex (Figura 17.5), la quale nel 2023 ha portato sulla terra 121,6 g di frammenti dell'asteroide, studiando i quali si è capito che l'asteroide Bennu è composto di molecole d'acqua e carbonio. Questo studio ha permesso di capire come si sono formati i pianeti rocciosi. Alcuni campioni sono arrivati anche in Italia e un team di ricercatori

Figura 17.5 Missione Osiris-Rex. (Credito NASA)

dell'INAF ha effettuato le prime analisi preliminari. Dalle ultime ricerche effettuate è sorta però un'altra ipotesi cioè quella che l'asteroide Bennu è forse il frammento di un antico pianeta oceanico, cosa che spiegherebbe la presenza di fosfato.

17.3 Cosa è lo IASC?

Esiste un programma scientifico di scienza condivisa, l'International Astronomical Search Collaboration (IASC), che fornisce dati astronomici in alta qualità agli scienziati cittadini di tutto il mondo.

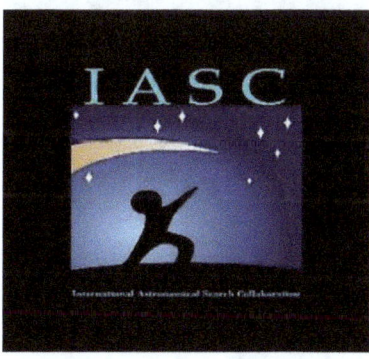

Questi scienziati cittadini sono in grado di fare scoperte astronomiche originali e hanno la possibilità di partecipare all'astronomia pratica. Una campagna ha la durata di un mese in cui le squadre cercano asteroidi, in collaborazione con la NASA e il telescopio Pan-starrs. Tutto ciò avviene utilizzando il software astrometrica, un software per la riduzione di dati astronomici da immagini ccd, incentrato sulle misurazioni dei corpi minori del sistema solare.

17.4 Conclusioni

La mia più grande aspirazione è di diventare astronauta, sto proseguendo i miei studi nel mondo scientifico frequentando la facoltà di fisica, sognando un giorno di diventare astrofisica per lavorare negli osservatori astronomici sparsi per il mondo.

Luisa Pontecorvo ha 19 anni ed è una studentessa iscritta al primo anno di Fisica. Appassionata di astronomia fin da piccolissima, è membro di quattro associazioni astrofili, pratica divulgazione scientifica sui social, fa parte di un gruppo di ricerca di asteroidi e scrive sulla rivista di astronomia dell'UAI.

18

Rossella Panarese: una vita per la radio, la passione per la scienza

Paolo Conte

Riassunto Un breve profilo di Rossella Panarese (1960–2021), la donna che ha introdotto la scienza nei palinsesti di RAI-Radio3: dalle trasmissioni della prima metà degli Anni Novanta (Palomar, Futura e Duemila), al 2003, quando ideò Radio3 Scienza, l'attuale quotidiano scientifico di RAI-Radio3, di cui Rossella è stata curatrice e conduttrice fino alla sua prematura scomparsa. Una vita dedicata alla comunicazione scientifica, anche attraverso le attività di insegnamento che ha svolto alla SISSA di Trieste, all'Università di Roma La Sapienza e in molti altri corsi di formazione. Per ricordarne l'operato, il Comitato organizzatore di Donne fra le stelle ha dato vita, nel 2024, alla prima edizione del "Premio nazionale Rossella Panarese per la divulgazione scientifica spaziale".

18.1 Raccontare la scienza secondo Rossella

Se vi recate nell'area pedonale al centro di Piazza Bainsizza, a Roma, a pochi metri dalla storica sede di Radio RAI in Via Asiago (Fig. 18.1), troverete una quercia rossa (Fig. 18.1, Foto 1). Ai suoi piedi, una targa (Fig. 18.1, Foto 2). Sotto il titolo "L'albero di Rossella" si legge:

> "Saper raccontare vuol dire avere a cuore l'ascoltatore, farsi carico dell'attenzione dell'altro, creare un filo comune tra chi parla e chi ascolta. Insomma, costruire una

---

P. Conte (✉)
Radio3 scienza, Roma, Italy

Figura 18.1 Foto 1, 2, 3 dell'Albero di Rossella, una quercia con targa commemorativa. (Autore: Paolo Conte)

relazione. È quello che la radio può fare meglio di tutti. A me piace usare la metafora del ballo di coppia, che è tale se – e solo se – ognuno dei ballerini è concentrato sui suoi passi, ma in contatto con quelli dell'altro" (Fig. 18.1, Foto 3).

Sono parole di Rossella Panarese (Fig. 18.2), la donna che ha ideato e condotto diversi programmi di Radio3 dedicati alle scienze e alle tecnologie. Quelle frasi, così rappresentative del modo in cui lei concepiva e interpretava il proprio ruolo di autrice e conduttrice, sono state tratte (con qualche piccolissima modifica) da un capitolo che Rossella scrisse nel 2020 per un saggio collettivo (1) dedicato alla figura di Carlo Bernardini (1930–2018), personaggio di spicco

Figura 18.2 Foto di Rossella Panarese. (Fonte: Radio3; autore: Alessandro Petrocco)

della fisica e della divulgazione scientifica italiana, che lei stessa ebbe modo di intervistare più volte.

Per Rossella "*Carlo Bernardini era un fisico che sapeva parlare di fisica ad un pubblico molto ampio. Era uno scienziato capace di descrivere il metodo scientifico anche a chi non se ne era mai occupato*". Di lui ammirava l'uso di un linguaggio non specialistico e l'idea che lui aveva della divulgazione: "*Per lui la diffusione della cultura scientifica era, innanzitutto, strumento di formazione individuale e strumento di cittadinanza*" (2).

C'era, però, un altro aspetto che caratterizzava Bernardini divulgatore e che Rossella sentiva molto vicino alla propria sensibilità di comunicatrice scientifica:

"*Carlo Bernardini sapeva raccontare le storie. Attraverso le storie sapeva catturare la nostra attenzione e al medesimo tempo raccontava la storia della scienza e la storia delle idee. Per lui l'intreccio tra scienza, storia e racconto era una condizione essenziale nell'insegnamento e nella comunicazione pubblica. Non ricordo di averlo intervistato senza che lui raccontasse le storie dei fisici che aveva conosciuto, dei suoi maestri, dei suoi colleghi. Raccontava di come ragionavano, di come amavano il loro lavoro, come interagivano con altri, ma anche chi erano, come era il loro carattere, come era stata la loro vita*" (3).

Conclude Rossella: "*Ecco, questa capacità narrativa, questa attenzione alla concretezza umana delle storie di scienza che aveva vissuto o che aveva studiato è stata per me un grande insegnamento professionale*" (4).

È proprio a questo punto del suo tributo a Carlo Bernardini che Rossella introduce la metafora del ballo di coppia, che gli amici e i colleghi di Radio3 vollero far trascrivere sulla targa sotto l'albero piantato in suo ricordo a poche settimane dalla sua scomparsa, avvenuta il 1° marzo 2021, all'età di 60 anni. I danzatori simboleggiano la sapiente armonia che il conduttore radiofonico deve saper instaurare tra sé e l'ascoltatore, perché – secondo Rossella – la radio, meglio di altri strumenti,

"*può utilizzare la fluidità, l'immediatezza e la prossimità del linguaggio orale. Come sperimentiamo nella vita quotidiana, la parola detta è sempre diversa e sempre direzionata verso qualcuno. È il modo in cui entriamo in contatto – qui e ora – con qualcun'altro*" (5).

Di questo suo particolare modo di intendere la comunicazione alla radio, Rossella diede un'esposizione più articolata in un confronto, apparso nel 2018 sulla rivista *MicroMega*, con il saggista e filosofo della biologia Telmo Pievani (6):

"*Quando vado in onda devo essere consapevole del fatto che in quello studio radiofonico si forma una relazione triangolare: il conduttore, l'ospite, l'ascoltatore. Ma il*

> *rapporto privilegiato per me che sono al microfono deve essere quello che si instaura con l'ascoltatore. L'ospite è per l'appunto la fonte di una competenza. L'ascoltatore e io, conduttrice, dobbiamo essere alleati nel domandare, ragionare, obiettare anche con sciocchezza su quello che l'ospite dice. Ma l'ospite deve avere la possibilità di rispondere, persino di complicare la domanda che gli hai rivolto. Questo è il gioco della radio che forse può dare un contributo per rappresentare gli equilibri che dovrebbero essere rispettati nel dibattito pubblico sulla scienza (e non solo)"* (7).

Sono sempre stati questi i criteri che Rossella ha seguito nel corso della sua carriera e che ha sempre raccomandato e insegnato a tutte le persone che l'hanno affiancata nel suo lavoro. Rossella era una persona professionalmente generosa, sempre disponibile a dare preziosi consigli a tutti, specialmente alle nuove leve. Aveva la straordinaria capacità di saper individuare e valorizzare in ciascuno i punti di forza, ma chiedeva sempre a tutti di non perdere mai di vista, nella scelta dei temi, delle argomentazioni, dei linguaggi, l'attenzione verso il pubblico in ascolto. Nel 2015, in un taccuino di appunti che il marito Stelvio Marini – che ringraziamo moltissimo – ci ha messo a disposizione, Rossella scrisse:

> *"Se parlo al microfono e non mi concentro sull'ascoltatore, se mi distraggo da lui o da lei e magari vengo catturata dall'ospite che intervisto. Se uso parole difficili perché voglio fare bella figura con lui, se commento compiaciuta 'sì, sì certo' quando quelle parole difficili le usa il mio ospite. Insomma, se ballo da sola e non con chi mi sta ascoltando, allora la magia della radio si spegne. E l'ascoltatore spegne la radio"* (8).

18.2 Gli anni novanta: da "PALOMAR" a "DUEMILA"

Rossella non aveva alle spalle una formazione scientifica universitaria: dopo la maturità aveva studiato filosofia all'Università di Roma La Sapienza. Il suo ingresso in RAI avvenne nel 1985 e cominciò a collaborare per alcuni programmi di musica e di attualità culturale di Radio3. Tra il 1989 e il 1991, mentre stava lavorando al rotocalco intitolato *Orione. Osservatorio quotidiano di informazioni, cultura e musica*, Rossella cominciò ad orientare i propri interessi verso alcune tematiche scientifiche (9). Fu così che, nel 1991, quando Radio3 decise di dar vita ad una trasmissione interamente dedicata alla scienza, la curatrice Daniela Recine pensò di affidare a Rossella l'autorialità del programma e la conduzione di molte delle sue puntate. La trasmissione fu intitolata *Palomar. Viaggio quotidiano attraverso le scienze* (10), in omaggio all'omonimo romanzo di Italo Calvino del 1983 e, implicitamente, in omaggio anche all'Osservatorio astronomico di Monte Palomar che ne aveva ispirato il titolo.

Figura 18.3 Foto di una parte del team di Palomar dopo l'assegnazione dell'Oscar per la Radio in mano a Daniela Recine, con Rossella accanto a lei. (Fonte: Francesca Colesanti)

Rossella ebbe la felice intuizione che sé stessa e gli altri conduttori di *Palomar* dovessero essere affiancati dalla nuova ed emergente generazione di giornalisti scientifici che proprio in quegli anni stavano cominciando a raccontare la scienza in modi molto diversi da quelli tradizionali: non più esposizioni semplificate di leggi, concetti e teorie, ma narrazioni più attente a cogliere le ricadute sociali dell'impresa scientifica, ad evidenziare le nuove e più promettenti direzioni della ricerca, a dare rilievo ai grandi interrogativi (politici, etici, filosofici, ecc.) sollevati dai tanti avanzamenti che si stavano registrando in campo scientifico e tecnologico agli inizi degli Anni Novanta (11).

Rossella raccolse dunque la sfida di cimentarsi su un format e su contenuti completamente nuovi, inediti per la radio, in un'epoca in cui la già scarsa divulgazione scientifica (talvolta di qualità molto discutibile) viaggiava prevalentemente sui canali televisivi. Ma quella sfida fu vinta, con ben tre stagioni consecutive del programma (1991–92; 1992–93; 1993–94) e l'assegnazione, nel 1993, di un Oscar per la Radio (Fig. 18.3) (12).

Successivamente, a seguito di modifiche del palinsesto di Radio3, a Marzo del 1994 *Palomar* cambiò nome in *Futura. Scienza e tecnologie*, che divenne uno spazio all'interno del contenitore pomeridiano intitolato *On the road. Avventure e soste nello spazio e nel tempo* (13).

Nel corso dell'estate del 1994 Rossella gettò le basi per un nuovo programma scientifico di Radio3, intitolato *Duemila. Tecniche e strategie per il futuro*, andato in onda dal 3 Ottobre 1994 al 30 Giugno 1995 (14). *Duemila* si sforzò di dare maggior spazio alle notizie di attualità scientifica più di quanto non avessero fatto *Palomar* e *Futura*, che potremmo considerare, retrospettivamente, programmi di analisi e di approfondimento. Come esplicitato nel titolo, lo sguardo di questa nuova produzione era proteso al nuovo millennio che si stava avvicinando e ai nuovi orizzonti della scienza e della tecnica che si profilavano sul finire degli Anni Novanta. Il programma dedicò, quindi, molto spazio alla rapida e imponente crescita di Internet che stava avvenendo in quegli anni e alla sempre più ampia diffusione delle nuove tecnologie digitali, anche avvalendosi delle grandi competenze in questo settore del giornalista e saggista Franco Carlini (1944–2007). Va ricordato che *Duemila* è stata la prima trasmissione scientifica in cui gli ascoltatori e le ascoltatrici potevano intervenire durante le dirette anche attraverso l'invio di messaggi di posta elettronica.

A seguito di pesanti tagli al bilancio di Radio3, e con la chiusura di molti programmi della rete, *Duemila* conobbe, purtroppo, una sola stagione. Rossella, che fino ad allora non era mai stata una risorsa interna della RAI, ma solo una programmista a tempo determinato con contratti d'autore, prese la difficile decisione di fare causa all'azienda per vedersi riconosciuto il proprio diritto ad una stabilità lavorativa. Ciò la costrinse a lavorare fuori della RAI per ben sette anni (15), per tutta la durata del contenzioso legale, fino alla sentenza che nel 2002 obbligò l'azienda alla sua riassunzione a tempo indeterminato.

18.3 Con il nuovo millennio: RADIO3 SCIENZA

Dopo essere rientrata a Radio3, Rossella tornò ad accarezzare l'idea di potersi occupare nuovamente di scienza. Daniela Recine, che era stata la curatrice di *Palomar*, nel frattempo era divenuta vice-direttrice di Radio3 ed era pronta ad accogliere le nuove proposte di Rossella (16).

Nel blog intitolato *Tracce di Ross* (17), che il marito Stelvio Marini ha aperto *"per ricordare Rossella attraverso appunti, foto, note, disegni, idee, riflessioni, ricordi e testimonianze"*, si trova un racconto della stessa Rossella del 2021 sulle idee che maturarono in quei mesi di quasi vent'anni prima:

> *"Ottobre 2002. Con la collega Rossella Castelnuovo ero passata quasi per caso da Forlì dove era in corso un incontro promosso dalla rivista 'Civiltà delle Macchine'.*
>
> *Sul palco del convegno salì Pietro Greco* [giornalista scientifico (1955–2020), n.d.A.] *per parlare del suo tema dei temi: la cittadinanza scientifica come elemento costitutivo e imprescindibile di una società democratica che possa davvero dirsi tale.*

> *Conoscevo Pietro da molti anni, era già un amico oltre che un punto di riferimento per me, come per tanti tra coloro che fanno il mio mestiere. Colpiva in lui l'intreccio non usuale tra il rigore e l'approfondimento dello studioso e l'impegno del comunicatore professionista a garantire un'accessibilità ai contenuti scientifici ampia, ma non semplificatoria.*
>
> *Quell'intervento di Pietro sul palco di Forlì ebbe comunque per me l'effetto di un bagliore perché conteneva un appello a non considerare la comunicazione scientifica un elemento accessorio della comunicazione culturale, ma piuttosto il cardine attorno a cui far ruotare il nostro impegno sociale, culturale e politico.*
>
> *Uscii dalla sala e chiamai al telefono l'allora vice direttrice di Radio3 Daniela Recine a cui dissi: 'Noi dobbiamo progettare un programma di scienza che non sia la classica trasmissione di divulgazione scientifica, ma che affronti, nella parte più dinamica del palinsesto radiofonico, ossia la mattina, quando l'ascoltatore cerca l'approfondimento dell'attualità, le grandi domande che animano la società contemporanea'* (18).

Nacque così, pochi mesi dopo, *Radio3 Scienza*, le cui trasmissioni cominciarono la mattina del 6 gennaio 2003. In quelle note redatte nel 2021 Rossella aggiungeva:

> *"Radio3 Scienza che ha appena compiuto diciotto anni [...] ha mantenuto fede, in questi quasi due decenni e anche grazie all'impegno di Pietro, a quella necessità evocata allora: essere portatori di domande, disponibili al confronto, formatori di cittadinanza scientifica"* (19).

La collocazione oraria di *Radio3 Scienza* nel palinsesto mattutino (*Palomar, Futura, Duemila* erano state tutte trasmissioni pomeridiane) fu per Rossella un aspetto non meno secondario degli obiettivi della trasmissione, come lei stessa ricordò in un articolo pubblicato il 6 Gennaio 2013 da *Scienza in rete* in occasione dei dieci anni di vita del programma:

> *"Oggi molti dei nostri ascoltatori scaricano Radio3 Scienza in podcast e l'ascoltano quando preferiscono. Ma dieci anni fa l'orario di trasmissione era decisivo per segnare o meno il successo di un programma e di una radio. Radio3 fece una scelta coraggiosa. Parlare di scienza nello spazio mattutino del palinsesto, quello legato tradizionalmente all'informazione, alle telefonate degli ascoltatori, all'approfondimento dell'attualità, ai temi che finiscono sulle homepage dei giornali. I dubbi erano molti: gli ascoltatori si appassioneranno? Si può parlare di scienza senza l'aiuto delle immagini? E senza usare un linguaggio specialistico?*
>
> *Noi, però, avevamo in testa l'idea di un programma che raccontasse il mondo in cui viviamo. Non volevamo spiegare cos'è un bosone o una cellula staminale, o almeno non solo. Volevamo parlare di politica, di etica, di salute, di tecnologia, di scuola, di ricerca e di ambiente partendo dai temi dell'impresa scientifica. Convinti, e lo siamo ancora di più oggi, che questi temi siano decisivi per affrontare consapevolmente alcune delle scelte più importanti per il nostro futuro.*

> *Nel 2003 abbiamo cominciato ponendoci due obiettivi: imparare a raccontare (perché fare radio vuole dire soprattutto saper narrare una storia) e a porre domande (perché la scienza vive, cresce e cambia con le domande). Poi abbiamo scelto i nostri compagni e compagne di viaggio: non solo scienziati e scienziate, ma filosofe, scrittori, storici, medici, giornaliste, e molti altri che, con pazienza ed entusiasmo, hanno raccontato, spiegato, e ragionato con noi. Oggi vogliamo aggiungere un altro obiettivo. Dare più spazio e più voce ai giovani cervelli della ricerca, della tecnologia, del giornalismo scientifico. Ascoltare da loro non solo come stanno studiando e preparando il nostro futuro, ma anche le loro scelte pratiche e personali, le loro idee sul lavoro, sulla comunicazione. Abbiamo bisogno anche nella cultura italiana di ristabilire il giusto equilibrio tra le generazioni. Questo sarà il nostro piccolo contributo"* (20).

Erano obiettivi davvero ambiziosi, che Rossella ha costantemente perseguito nel corso degli anni. A cominciare dalla cura meticolosa che imponeva a sé stessa e alla sua redazione nella preparazione delle puntate ordinarie di *Radio3 Scienza* (quelle dal lunedì al venerdì di ogni settimana), ma anche di quelle straordinarie, come gli speciali in onda dai principali festival scientifici italiani (Genova, Roma, Bologna), dal Teatro Palladium di Roma, dal Salone del Libro di Torino, dalle Feste di Radio3 in diverse città italiane (21).

Per coniugare attualità e approfondimento, Rossella volle inserire periodicamente nella programmazione di *Radio3 Scienza* diversi cicli speciali che sono andati in onda alla fine delle dirette. Erano spazi di pochi minuti, articolati in più puntate, che toccavano vari temi: dall'astronomia all'informatica, dall'agronomia alla zoologia, dalla medicina alla storia della scienza (22).

Dietro ogni puntata di *Radio3 Scienza*, dietro ogni suo approfondimento, dietro ogni speciale, c'è sempre stato un lungo lavoro preparatorio di analisi e di riflessione sui temi da affrontare, su come proporli, sulla scelta degli ospiti da intervistare. Come ha scritto Matteo De Giuli, redattore e conduttore a *Radio3 Scienza* dal 2014 al 2017:

> *"Fare un programma come Radio3 Scienza [...] è un'impresa quasi donchisciottesca per quanto è generosa e folle: bisogna parlare mezz'ora al giorno di scienza, in diretta, e bisogna cercare di farlo sempre con il massimo rigore, studiando bene tutte le materie – materie, proprio come un esame di maturità che si ripete ogni mattina. A volte bisogna provare a spiegare l'attualità del dibattito scientifico (vaccini, terremoti, cambiamenti climatici, virus, politiche della ricerca) altre volte raccontare libri e vicende con un tono e un approfondimento più lento, più laterale o più storico. Radio3 Scienza ha preso la forma multicolore e sfaccettata che ha oggi costruendosi attorno alla presenza premurosa e testarda di Rossella, che era la depositaria della linea editoriale e la più alta giudice dei ritmi di ogni puntata; cercava costantemente di rinnovare l'equilibrio tra le anime della trasmissione – 'dobbiamo essere più narrativi, dobbiamo stare più sul pezzo'"* (23).

18 Rossella Panarese: una vita per la radio, la passione per la scienza

Un'altra efficace immagine di Rossella ce l'ha restituita Marco Motta, l'attuale curatore di *Radio3 Scienza*, quando aprì il seminario "*Rossella e la scienza: dalla parte delle ragazze*" che si tenne nella sede RAI di Viale Mazzini il 20 Gennaio 2023 per il ventesimo anno di vita del programma:

> "*Credo di dovervi una spiegazione del titolo che abbiamo scelto per questa giornata. 'Rossella e la scienza' – che può sembrare un titolo molto personale – però, per noi, racconta bene il 'corpo a corpo' che Rossella Panarese faceva quotidianamente con la scienza, con la sua complessità, con le sue meraviglie, ma anche con i suoi limiti e le sue problematiche, e per decidere come raccontarla alle Ascoltatrici e agli Ascoltatori. 'Dalla parte delle ragazze' l'abbiamo voluto esplicitare [...] innanzitutto perché [...] Rossella aveva una capacità speciale di entrare in sintonia con i più giovani, per esempio nelle lezioni ai master che abbiamo fatto in tanti anni [...] e poi perché 'dalla parte delle ragazze' è anche un omaggio ad un libro che noi riteniamo importante: 'Dalla parte delle bambine', pubblicato nel 1973 [...] dalla pedagogista e insegnante Elena Gianini Belotti [...], libro che è stata la prima dirompente indagine sui condizionamenti sociali e culturali che in qualche maniera determinano, sin da piccole, i percorsi di vita delle bambine e delle ragazze*" (24).

Infatti, le disparità educative e gli stereotipi di genere che scoraggiano le ragazze ad intraprendere gli studi nel campo delle discipline STEM sono temi che hanno sempre richiamato l'attenzione di Rossella, come anche le difficoltà e gli ostacoli che le donne incontrano quando intraprendono carriere scientifiche.

Il rapporto tra le donne e la scienza è, però, solo un esempio, declinato al femminile, del modo in cui Rossella intendeva raccontare l'impresa scientifica e le persone che la costruiscono ogni giorno: una storia fatta certamente di risultati, di ricerche e di scoperte, ma anche e soprattutto una storia fatta da individui o da gruppi di persone, con i loro progetti, le loro ambizioni, le loro difficoltà. "*Le biografie di chi la scienza la fa* – ha scritto una volta Rossella – *aiutano a ricordare che la scienza è un'impresa umana*" (25).

Nell'analizzare l'evoluzione della figura pubblica dello scienziato per la voce *Comunicazione scientifica* della *Treccani*, Rossella osserva che

> "*il nuovo millennio introduce nel dibattito pubblico una figura di scienziato ancora più sfaccettata* [rispetto al Novecento, n.d.A.], *sempre meno idealizzata e più radicata, nel bene e nel male, nei diversi contesti sociali. Lo scienziato è sì ancora l'esperto, ma* [...] *è un membro di una comunità che condivide successi, ma anche competizioni e disaccordi; è un cittadino che come tutti gli altri può perseguire vantaggi personali: è un professionista che spesso si misura con il mercato e con la capacità di attrarre interessi. I cittadini non esperti devono orientarsi in tutto questo. E la comunicazione pubblica della scienza si candida a mediatrice di questo rapporto*" (26).

18.4 La SCIENZA secondo Rossella

> *"Cosa ha di speciale la scienza nell'ambito della conoscenza? Ha di speciale un metodo condiviso e questo è ciò che rende ancora oggi la scienza lo strumento più potente che abbiamo per conoscere il mondo"* (27).

È un brevissimo e purtroppo unico frammento di una videolezione tenuta da Rossella all'inizio del 2021 per il *Master SGP La scienza nella pratica giornalistica* della Sapienza Università di Roma.

È un documento prezioso, perché Rossella vi enuncia, in maniera molto compatta, ma estremamente netta, la propria concezione della scienza: un insieme di saperi che ci danno la possibilità di migliorare e affinare la nostra comprensione del mondo, in virtù del fatto che gli scienziati adottano le stesse regole di acquisizione, analisi e confronto dei dati, promuovendo una conoscenza sempre condivisa e verificabile.

Proprio alla luce di questa visione, Rossella espresse in diverse occasioni la propria perplessità nei confronti della famosa e discussa affermazione del virologo Roberto Burioni secondo cui "la scienza non è democratica". Il prof. Burioni scriveva quella frase nel 2018 sul proprio blog *Medicalfacts* (28) in aperta polemica con le persone che sui social network si sentono autorizzate ad ergersi a giudici delle conoscenze scientifiche solo sulla base dei propri convincimenti personali e quasi sempre senza mai possedere alcuna competenza in materia. Rossella, però, vedeva nella perentorietà di quella affermazione del prof. Burioni un duplice errore: non solo una rigida posizione di rifiuto alla comunicazione e al dialogo con il grande pubblico (29), ma anche una sbagliata rappresentazione di che cosa sia e di come funzioni la scienza.

Rossella chiarì molto bene il proprio punto di vista sulla democraticità della scienza il 17 Dicembre 2020 in un intervento alla trasmissione *Tutta la città ne parla* di Radio3:

> *"Ci siamo abituati a pensare che la scienza dia subito dei risultati, ma dietro c'è il lavoro 'in progress', che è fatto di discussioni tra scienziati, di dati raccolti, di verifica di quei dati, anche di dibattiti surreali di scienziati che affermano cose diverse, che danno le loro opinioni. Ma alla fine la scienza è lo strumento più potente che abbiamo, perché, alla fine, solo ciò che è condiviso dalla comunità scientifica diventa patrimonio, solo quando non c'è più nessuno che dice 'Attenzione, questo dato non torna'".*

Per Rossella una cartina al tornasole di questo modo di funzionare della scienza è venuta proprio dalla tragica esperienza della pandemia, come raccontò l'8 Aprile del 2020 in un'intervista al portale online *Liberascienza*:

18 Rossella Panarese: una vita per la radio, la passione per la scienza

"Noi, come cittadini e cittadine, è come se fossimo nel vivo di un esperimento che mai avevamo fatto in queste proporzioni. Stiamo osservando in diretta come i ricercatori e gli scienziati affrontano qualcosa di nuovo, mai conosciuto prima. SARS-CoV 2 è un virus che conosciamo solo da pochi mesi. Anzi, di lui stiamo cominciando solo ora a capire qualcosa. Sono più le cose che non sappiamo di quelle di cui siamo certi.

Stiamo osservando in diretta il fare scienza, su qualcosa che ci fa paura, ci colpisce e che sta cambiando la nostra vita. Quindi siamo molto interessati al lavoro dei ricercatori. Stiamo imparando come avviene la condivisione dei dati, la verifica delle osservazioni e anche quanto sia importante, in una fase di acquisizione di conoscenza, il confronto e anche il disaccordo. Tutto questo appartiene costitutivamente al mondo della scienza. E stiamo imparando che se ne può ragionare tutti insieme.

Non era mai successo prima (almeno a me sembra così) che, con questa intensità e con questa attenzione, tante persone in tutto il mondo si mettessero in ascolto della comunità scientifica e diventassero partecipi dell'importanza che la scienza dialoghi con la politica e che si percepisse quanto la voce della scienza incida di fatto sui nostri comportamenti individuali e collettivi.

È un grande esperimento di cittadinanza scientifica quello che sta accadendo. Ripeto, se non fosse tragica la situazione, potremmo esserne incuriositi. Certamente avremmo preferito che questo avvenisse in altre circostanze, non c'è dubbio. [...] Osservare oggi come si muove la comunità scientifica, anche nelle sue differenze, anche nei suoi scontri, è molto interessante per tutti, perché solo guardando come funziona l'impresa scientifica noi possiamo acquisire uno strumento e un metodo per riconoscere quando quella fonte è affidabile e quando non lo è" (30).

Sono parole che rivelano una profonda adesione da parte di Rossella alle tesi del giornalista scientifico Pietro Greco (Fig. 18.4) sulla "cittadinanza scientifica" e sulla democraticità della scienza (31), che però la stessa Rossella reinterpre-

Figura 18.4 Foto di Pietro Greco e Rossella Panarese. (Fonte: Wikipedia, autore Paolo De Chellis; autrice: Emilia Di Pace)

tava in modo originale nella sua lettura del rapporto tra cittadini e comunità scientifica all'epoca della pandemia.

18.5 Non solo RADIO3 SCIENZA

Rossella non è stata solo l'autrice e curatrice di *Radio3 Scienza*. È stata anche l'ideatrice, nel 2019, del primo podcast originale di Radio3, intitolato *Labanof. Corpi senza nome*, che racconta il lavoro dell'omonimo Laboratorio di antropologia e odontologia forense dell'Università degli Studi di Milano diretto dall'anatomopatologa Cristina Cattaneo. In un'intervista a *l'Avvenire* del 21 Novembre 2020 Rossella raccontò:

> "*Stavo leggendo il libro 'Morti senza nome' della professoressa Cattaneo. Lei ha portato in Italia una medicina legale innovativa e fortemente legata ai valori etici: per lei accudire i morti è prendersi cura dei vivi*" (32).

Il podcast *Labanof. Corpi senza nome* ha poi vinto il Prix Italia 2020.

Rossella ha svolto anche un intenso lavoro di coordinamento di diversi programmi del palinsesto di Radio3 (33), sia durante la direzione di Sergio Valzania (2002–2009), sia durante quella di Marino Sinibaldi (2009–2021). Ciò ha fatto di lei un costante e imprescindibile punto di riferimento per colleghe e colleghi di molte redazioni.

La grande notorietà che Rossella si è conquistata nel corso degli anni nel mondo della comunicazione scientifica e nell'ambito della stessa comunità dei ricercatori non le è venuta, però, solo dal suo lavoro a Radio3, ma anche dalla sua presenza pubblica in molte occasioni: interviste, moderazioni, tavole rotonde riempivano la sua agenda e Rossella era frequentemente chiamata a intervenire in varie parti d'Italia (34).

Ha fatto parte, più volte, della giuria del Premio letterario Galileo per la divulgazione scientifica, organizzato dal Comune di Padova, ma anche della giuria del Premio Asimov per l'editoria scientifica, promosso e organizzato dal Gran Sasso Science Institute dell'Aquila (35).

Per Rossella raccontare la scienza alla radio è stato importante tanto quanto insegnare questo lavoro agli aspiranti comunicatori scientifici. Ha tenuto molte lezioni sul linguaggio radiofonico in numerosi seminari, incontri di formazione e master. Oltre al già citato *Master SGP La scienza nella pratica giornalistica* della Sapienza Università di Roma, dove ha tenuto corsi dal 2010 al 2021, Rossella è stata docente anche al Master in comunicazione della scienza "Franco Prattico" della Scuola Internazionale Superiore di Studi Avanzati (SISSA) di Trieste, dove ha insegnato dal 1993 al 2021 (36).

Rossella è stata attiva fino agli ultimi giorni della sua vita, anche al microfono, nonostante fosse ben consapevole, da molti mesi, dell'aggravarsi delle sue condizioni di salute. La notizia della sua scomparsa ha destato ovunque un unanime cordoglio: tra il pubblico di Radio3, che l'amava moltissimo; tra numerosi esponenti del mondo della ricerca e della comunicazione scientifica, che ne apprezzavano il lavoro; tra i suoi tanti allievi, che l'hanno sempre sentita come una vera maestra; tra le innumerevoli persone che avevano incrociato i suoi percorsi professionali, rimanendo sempre colpiti dalla sua carismatica personalità. Suscitò moltissima impressione anche il fatto che la sua morte fosse avvenuta a soli due mesi e mezzo di distanza dalla perdita del suo amico, maestro e collega Pietro Greco (scomparso il 18 dicembre 2020), che tanta parte aveva avuto nella costruzione di *Radio3 Scienza* (37). Come era avvenuto anche per Pietro, furono in molti a sentire il bisogno di condividere pubblicamente ricordi personali, storie e riflessioni sulla figura di Rossella nei giorni e nei mesi immediatamente successivi alla sua scomparsa (38).

Numerose sono state le iniziative per ricordarla: giornate di studio, dibattiti, concorsi e premi. Tra questi ultimi il "Premio Nazionale Rossella Panarese per la divulgazione scientifica spaziale" (39), istituito in occasione della terza edizione (2024) di *Donne fra le stelle* (40), un evento dedicato alle donne impegnate nella ricerca aerospaziale, nato da un'idea di Dante Fortunato, presidente dell'Associazione "Donne fra le stelle" (41).

Anche la Redazione di *Radio3 Scienza* ha intrapreso una propria iniziativa per rendere omaggio a Rossella: ha chiesto che un asteroide potesse portare il suo nome. Attraverso Albino Carbognani, ricercatore dell'INAF all'Osservatorio di Astrofisica e Scienza dello Spazio (OAS) di Bologna, la richiesta è arrivata ad Aprile del 2021 a Fabrizio Bernardi, co-fondatore e project manager di Space-Dys – Servizi e software spaziali, uno spin-off dell'Università di Pisa con sede a Navacchio di Cascina (Pisa). Il dott. Bernardi si è attivato subito presso l'apposita commissione dell'International Astronomical Union affinché si intitolasse a Rossella l'asteroide 112527 (2002 PJ33) da lui scoperto il 5 agosto 2002 all'Osservatorio astronomico di Campo Imperatore nell'ambito del programma CINEOS (Campo Imperatore Near-Earth Object Survey).

La dedicazione ufficiale dell'asteroide – ora chiamato 112527 Panarese (2002 PJ33) – è arrivata l'8 Novembre 2021 con la seguente motivazione:

> "*Rossella Panarese (1960–2021) was an Italian radio producer and science communicator. In 2003 she created Radio3 Scienza, the daily science radio show on Italian public radio. She was also a lecturer in science communication at both the International School of Advanced Studies in Trieste and the Sapienza University of Rome*" (42).

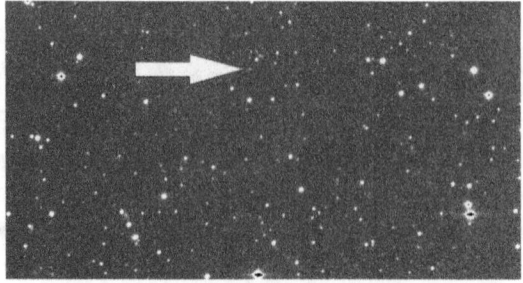

Figura 18.5 L'asteroide 112527 Panarese ripreso all'Osservatorio astronomico di Monte Palomar. (Immagine del servizio SkyMorph gentilmente fornitaci dall'astrofisico Gianluca Masi del Virtual Telescope Project)

Saremo sempre grati a Fabrizio Bernardi e ad Albino Carbognani per aver fatto in modo che si perpetuasse in cielo la memoria di Rossella e del suo lavoro.

L'asteroide di Rossella – come ormai siamo soliti chiamarlo a Radio3 – è un corpo di circa 2,5 km di diametro appartenente alla Fascia Principale degli Asteroidi, ubicata tra l'orbita di Marte e quella di Giove. L'oggetto compie un giro completo intorno al Sole in poco meno di 4 anni e 5 mesi, mantenendosi ad una distanza media dalla nostra stella di circa 400 milioni di chilometri (43).

C'è un aspetto di questa vicenda che è davvero sorprendente. Gli astronomi hanno appurato che l'asteroide che oggi porta il nome di Rossella era stato accidentalmente ripreso per ben 17 volte prima del 5 Agosto 2002 – data ufficiale della sua scoperta – senza però essere stato riconosciuto come un nuovo corpo celeste. In due di queste occasioni – il 4 e il 22 Luglio 2002 (Fig. 18.5) – l'asteroide era stato ripreso anche dall'Osservatorio astronomico di Monte Palomar (44): un nome che aveva ispirato il titolo del romanzo di Italo Calvino, che a sua volta aveva ispirato il titolo della prima trasmissione scientifica di Radio3 di cui Rossella era stata autrice e conduttrice. Forse lei, con una delle espressioni che amava usare spesso quando intravvedeva connessioni tra varie cose, avrebbe detto: *Tout se tient* (Fig. 18.6)!

Figura 18.6 Foto di Rossella Panarese. (Foto: Stelvio Marini)

Bibliografia

(1) R. Panarese, *Carlo Bernardini e l'arte di raccontare la scienza. Un ricordo personale*, in *La scienza fra etica e politica. L'eredità di Carlo Bernardini e le prospettive future*, a cura di R. Falcone, P. Greco, G. Peruzzi (Edizioni Dedalo, Bari 2020), pp. 39–41
(2) ibid., p. 39
(3) ibid., p. 40
(4) ibid., p. 41
(5) ibid.
(6) R. Panarese, T. Pievani, *Scienza, democrazia e giornalismo scientifico*, in *Micro-Mega*, n° 3, 2018, pp. 126–136
(7) ibid., p. 134
(8) Su questi stessi temi Rossella ritorna in un video intitolato "*Come comunicare la scienza in radio?*" (https://www.youtube.com/watch?v=Etl-tViuPOs) girato in occasione del seminario "*Il futuro della comunicazione scientifica nella società della conoscenza*", che si tenne il 18 Maggio del 2017 all'Università degli Studi di Milano-Bicocca

(9) https://it.wikipedia.org/wiki/Rossella_Panarese#I_primi_anni_alla_Rai
(10) https://it.wikipedia.org/wiki/Palomar_(programma_radiofonico)
(11) I giornalisti scientifici che di settimana in settimana si alternavano al microfono insieme a Rossella e agli altri conduttori di *Palomar* furono (in ordine alfabetico): Romeo Bassoli (*l'Unità*), Piero Bianucci (*La Stampa*), Giovanni Caprara (*Corriere della Sera*), Franco Carlini (*Il manifesto*), Antonio Cianciullo (*La Repubblica*), Franco Foresta Martin (*Corriere della Sera*), Giuseppe Gaudenzi (*Zadig*), Pietro Greco (*l'Unità*), Daniela Minerva (*l'Espresso*), Enrico Pedemonte (*l'Espresso*), Fabio Pagan (*Il Piccolo*), Lorenzo Pinna (*Quark*), Roberto Satolli (*Zadig*). Sul ruolo dei giornalisti scientifici a *Palomar*, si rinvia a A. De Angelis, *La voce, la radio, i linguaggi. La comunicazione scientifica di Rossella Panarese* (https://zenodo.org/records/13256704) (2023), pp. 19–21, tesi per il "Master SGP. La scienza nella pratica giornalistica" alla Sapienza Università di Roma. La tesi è poi diventata un podcast di Radio3 in tre puntate intitolato *Tutto si tiene. La scienza alla radio di Rossella Panarese* (https://www.raiplaysound.it/playlist/tuttositienelascienzaallaradiodirossellapanarese).
(12) https://it.wikipedia.org/wiki/Palomar_(programma_radiofonico)
(13) ibid.
(14) ibid.
(15) https://it.wikipedia.org/wiki/Rossella_Panarese#Gli_anni_al_Comune_di_Roma
(16) https://it.wikipedia.org/wiki/Rossella_Panarese#Il_ritorno_in_Rai_e_la_nascita_di_Radio3_Scienza
(17) https://traccediros.blogspot.com/
(18) https://traccediros.blogspot.com/2022/10/come-nacque-radio3scienza.html
(19) ibid.
(20) *#Radio3ScienzaPerDieci* (https://www.scienzainrete.it/contenuto/articolo/radio3scienzaperdieci). Rossella si è sempre molto rammaricata dell'assenza di richiami al futuro e alle nuove generazioni nel dibattito pubblico. Ce lo ha ricordato l'attuale curatore di *Radio3Scienza* Marco Motta nell'articolo *Rossella Panarese, una voce tra radio e futuro* (https://www.pagina21.eu/rossella-panarese-una-voce-tra-radio-e-futuro/marco-motta/) pubblicato il 7 Giugno 2023 per il portale *Pagina 21*: "*Nel settembre 2019, in un incontro con i rettori delle università pugliesi nell'ambito del festival Lector in fabula, Rossella Panarese faceva queste considerazioni: 'C'è poco futuro nel di-scorso pubblico, non c'è futuro nel discorso politico. Questa è davvero una cosa incredibile. Abbiamo dovuto aspettare i giovanissimi che fino all'anno scorso consideravamo ancora dei bambini. Comunque la si pensi sul movimento di scio- pero contro il cambiamento climatico, non c'è dubbio che questi ragazzi e queste ragazze ci hanno ricordato due cose che credo siano importanti. La prima cosa è che dobbiamo alzare lo sguardo, noi adulti siamo generazioni che viviamo con lo sguardo basso. La seconda cosa che ci stanno insegnando è che per guardare al futuro noi dobbiamo avere competenze e conoscenze e quindi dobbiamo interrogarci: quali competenze e quali conoscenze?*'"

(21) Un esempio di queste puntate speciali nel corso delle feste di Radio3 è quella intitolata *Leonardo da Vinci in Romagna* (https://www.facebook.com/rairadio3/videos/2038950916409746/), che si tenne il 1° Giugno 2019 al Teatro Verdi di Cesena: Rossella intervistò Vittorio Marchis, storico della tecnologia al Politecnico di Torino e Davide Gnola, direttore del Museo della Marineria di Cesenatico
(22) Ecco l'elenco di questi cicli speciali:
- *Io non ho paura. Da YouTube a ebook, da hacker a open source, piccolo dizionario di cultura digitale* (2011)
- *QB. Energia quanto basta. Dal frigo al condizionatore, dal pc alle luci, le buone regole del risparmio energetico, a casa e in ufficio* (2012)
- *L'erbavoglio. Ciclo in 8 lezioni dedicato all'orto in casa: giardini, terrazze e davanzali* (2012)
- *Un, due, tre, stella! Piccola guida galattica all'esplorazione del cielo estivo* (2012)
- *SeedVersity. Viaggio nel mondo delle sementi* (2014)
- *L'alfabeto dei makers. Le pillole sul mondo dei makers, dalle stampanti 3D ai robot* (2014)
- *Si può fare. La Rete in 10 parole* (2016)
- *L'arca di Natale* (2016)
- *Come è fatto un calendario* (2017)
- *Gettoni di scienza* (2017-2019)
- *Frankenstein serial* (2018)
- *La rivoluzione della salute universale. 40 anni di Servizio sanitario nazionale* (2018)
- *La scimmia nuda legge* (2020)
- *DizionaVirus. Glossario minimo per un'epidemia* (2020)
- *Lessico vaccinale* (2021)
(23) M. De Giuli, *La voce di Rossella* (https://www.iltascabile.com/scienze/rossella-panarese/), *Il Tascabile*, 11 Marzo 2021. Una piccola selezione di alcune puntate condotte da Rossella o a lei dedicate si trova nella playlist di Radio3 intitolata *La voce di Rossella* (https://www.raiplaysound.it/playlist/lavocedirossella)
(24) https://www.raiplay.it/programmi/rossellaelascienzadallapartedelleragazze
(25) R. Panarese, T. Pievani, *Scienza, democrazia e giornalismo scientifico*, cit., p. 130
(26) R. Panarese, *Comunicazione scientifica*, con introduzione di Chiara Valerio, in "Enciclopedia Italiana", X Appendice – Parole del XXI secolo, Istituto della Enciclopedia Italiana Treccani, 2021
(27) *Scienza e democrazia secondo Rossella Panarese e Pietro Greco* (https://www.youtube.com/watch?v=xq8BrDe5OZA): il frammento è stato opportunamente evidenziato da A. De Angelis in apertura della già citata tesi di Master SGP intitolata *La voce, la radio, i linguaggi. La comunicazione scientifica di Rossella Panarese* (https://zenodo.org/records/13256704), p. 7
(28) R. Burioni, *La scienza non è democratica. Non può esserlo* (https://www.medicalfacts.it/2018/11/30/scienza-democrazia/), in *Medicalfacts*, 30 Novembre 2018

(29) R. Panarese, T. Pievani, *Scienza, democrazia e giornalismo scientifico*, cit., p. 134
(30) Il testo dell'intervista è trascritto qui: https://www.galileonet.it/wp-content/uploads/2020/04/la-zolletta-di-liberascienza.pdf e la nostra citazione è tratta dalle pp. 69–70. Il video dell'intervista è disponibile qui: https://www.youtube.com/watch?v=vgsHhqm_aNI&list=PL-r8FVpJD9SQNRFPz6ygvLMAXS37Lo0TR
(31) P. Greco, *Scienza e (è) democrazia* (https://www.scienzainrete.it/articolo/scienza-e-%2525C3%2525A8-democrazia/pietro-greco/2017-11-24), in *Scienza in rete* del 24 Novembre 2017
(32) A. Calvini, *Labanof, i diritti di chi non ha nome* (https://www.avvenire.it/agora/pagine/labanof-i-diritti-di-chi-non-ha-nome), *l'Avvenire*, 21 Novembre 2020. Il titolo completo del saggio della prof.ssa Cristina Cattaneo citato da Rossella è "*Morti senza nome. Una patologa forense racconta*" (Mondadori, Milano 2006)
(33) https://it.wikipedia.org/wiki/Rossella_Panarese#Il_ritorno_in_Rai_e_la_nascita_di_Radio3_Scienza
(34) Segnalo due belle interviste: quella a Samantha Cristoforetti del 15 Marzo 2019 all'Auditorium Parco della Musica di Roma dal titolo *Spazio e libertà* (https://www.youtube.com/watch?v=VcTvwacMmbo), e quella a Piero Angela del 14 giugno 2019 al Teatro dei Rinnovati di Siena intitolata *Raccontare la scienza nell'era delle fake news* (https://www.youtube.com/watch?v=1ycwdjD95Nc)
(35) https://it.wikipedia.org/wiki/Rossella_Panarese#Il_ritorno_in_Rai_e_la_nascita_di_Radio3_Scienza
(36) https://it.wikipedia.org/wiki/Rossella_Panarese#L'yimpegno_nella_didattica
(37) Fu proprio Rossella a condurre, con grande commozione, la puntata di *Radio3Scienza* del 21 Dicembre 2020, intitolata *Il nostro Pietro* (https://www.raiplaysound.it/audio/2020/12/Il-nostro-Pietro-3000357c-5c5d-430f-92ef-91e05ed05452.html), in memoria dell'amico e collega scomparso il 18 dicembre
(38) Segnaliamo a questo proposito due puntate di *Radio3Scienza* contenute nella playlist *La voce di Rossella* (https://www.raiplaysound.it/playlist/lavocedirossella):
  - *La nostra Rossella* (https://www.raiplaysound.it/audio/2021/02/La-nostra-Rossella-fe105302-e55b-4488-a5e8-9dc4af706dcf.html), del 1° Marzo 2021, il giorno stesso della sua scomparsa, condotta da Marco Motta, con i ricordi di Marino Sinibaldi (allora direttore di Radio3), della giornalista Claudia Di Giorgio, (che aveva lavorato con Rossella prima a *Duemila* e poi a *Radio3Scienza* per alcuni anni), dell'astrofisica Sandra Savaglio (grande amica di Rossella), di alcune delle persone che hanno lavorato a *Radio3Scienza* negli ultimi anni: Elisabetta Tola, Silvia Bencivelli, Matteo De Giuli, Roberta Fulci, Francesca Buoninconti e Paolo Conte
  - *Rossella, la scienza e la radio* (https://www.raiplaysound.it/audio/2021/03/Rossella-la-scienza-e-la-radio-3f686f44-7c24-44df-87d3-6d5042c75b42.html), del 1° Aprile 2021, condotta da Elisabetta Tola, con i ricordi e le testimonianze dei fisici Guido Tonelli, Carlo Rovelli e Lucia Votano, della matematica Elisabetta Strickland, della virologa Ilaria Capua, dell'immu-

nologo Alberto Mantovani, del giornalista Marco Cattaneo, del ricercatore ISPRA Lorenzo Ciccarese

(39) Il bando del concorso 2023–24: https://www.media.inaf.it/wp-content/uploads/2023/12/premio-rosella-panarese.pdf. La premiazione dei due vincitori – il giornalista scientifico Andrea Bettini di RAI News 24 e l'astrofisica e divulgatrice scientifica Edwige Pezzulli – si è poi tenuta domenica 25 Marzo 2024 al Teatro Marconi di Abano Terme (Padova). La premiazione può essere rivista in questo video a partire da 1h 35m 02s fino al termine: https://www.youtube.com/watch?v=QaERZdL1VhA&list=PLnMCsgKOFInodMnqBYx98u2iz0-bujSdL&index=6&t=5509s

(40) https://donnefralestelle.it/. Rossella non fece in tempo a prendere parte alla prima edizione, che si tenne dal 25 al 27 Giugno 2021 a Fiumefreddo Bruzio (Cosenza)

(41) https://donnefralestelle.it/chi-siamo/

(42) *WGSBN (Working Group Small Bodies Nomenclature) Bulletin, volume 1, #11*, p. 8, pubblicato l'8 novembre 2021. Il giorno seguente l'astrofisico Gianluca Masi, ideatore e responsabile del Virtual Telescope Project, mi ha cortesemente fornito una GIF con tre immagini dell'asteroide 112527 Panarese (2002 PJ33) che ne mostrano il movimento rispetto allo sfondo delle stelle fisse: https://www.facebook.com/watch/?v=242340144479458

(43) Per maggiori dettagli sulle caratteristiche di questo asteroide e sulla vicenda legata alla sua intitolazione mi permetto di rinviare all'articolo di P. Conte, *Il nome di Rossella è scritto nel cielo* (https://www.media.inaf.it/2021/11/12/asteroide-rossella-panarese/#:~:text=Da%20luned%C3%AC%20scorso%2C%208%20novembre,il%201%C2%B0%20marzo%202021), apparso su *Media-INAF* il 12 Novembre 2021. Si veda anche il bel servizio di Alessia Mari andato in onda lo stesso giorno sul *TGR Leonardo*

(44) La lista delle osservazioni dell'asteroide 112527 Panarese (2002 PJ33) è riportata nel sito del Minor Planet Center: https://minorplanetcenter.net/db_search/show_object?object_id=112527

Paolo Conte (classe 1961) si è laureato in Filosofia all'Università di Roma La Sapienza dopo un corso di studi a prevalente indirizzo storico-scientifico. Da sempre interessato alla divulgazione scientifica, in particolare dell'astronomia, ha seguito due corsi di formazione professionale per operatore e conduttore di planetari al Planetario Civico di Modena (1993-94) e al Centro Studi e Ricerche Serafino Zani di Lumezzane (1995). Ha frequentato anche il Master in Didattica e Museologia Scientifica del MUSIS di Roma (1993-1996). Ha avuto la fortuna e il privilegio di lavorare con Rossella Panarese sin dai tempi delle trasmissioni di scienza di Radio3 della prima metà degli Anni Novanta: *Palomar*, *Futura*, *Duemila*. Nel 1995 ha lasciato la radio per dedicarsi allo svolgimento di attività didattiche di astronomia e di scienze della Terra negli Istituti scolastici di ogni ordine e grado. Il suo rapporto con il mondo della scuola continua ancora oggi, ma in misura più ridotta, sin da quando, nel 2010, Rossella lo ha chiamato a lavorare per *Radio3 Scienza*.

GPSR Compliance

The European Union's (EU) General Product Safety Regulation (GPSR) is a set of rules that requires consumer products to be safe and our obligations to ensure this.

If you have any concerns about our products, you can contact us on

ProductSafety@springernature.com

In case Publisher is established outside the EU, the EU authorized representative is:

Springer Nature Customer Service Center GmbH
Europaplatz 3
69115 Heidelberg, Germany